热带医学特色高等教育系列教材

环境保护与生态文明建设

张军　主编

中山大学出版社
SUN YAT-SEN UNIVERSITY PRESS
·广州·

图书在版编目（CIP）数据

环境保护与生态文明建设/张军主编．—广州：中山大学出版社，2021.7
（热带医学特色高等教育系列教材）
ISBN 978-7-306-07220-7

Ⅰ.①环…　Ⅱ.①张…　Ⅲ.①环境保护—中国—高等学校—教材②生态环境建设—中国—高等学校—教材　Ⅳ.①X-12②X321.2

中国版本图书馆 CIP 数据核字（2021）第 095519 号

出 版 人：王天琪
项目策划：徐　劲
策划编辑：吕肖剑
责任编辑：罗梓鸿
封面设计：林绵华
责任校对：姜星宇
责任技编：何雅涛
出版发行：中山大学出版社
电　　话：编辑部 020-84110283，84113349，84111997，84110779，84110776
　　　　　发行部 020-84111998，84111981，84111160
地　　址：广州市新港西路 135 号
邮　　编：510275　　传　　真：020-84036565
网　　址：http://www.zsup.com.cn　E-mail：zdcbs@mail.sysu.edu.cn
印 刷 者：佛山家联印刷有限公司
规　　格：787mm×1092mm　1/16　8.75 印张　208 千字
版次印次：2021 年 7 月第 1 版　2021 年 7 月第 1 次印刷
定　　价：38.00 元

本书编委会

主　编： 张　军

副主编： 李　娜　蹇　丽

编　委（按姓氏笔画排序）：

于春伟　王振翠　文少白　刘　洁

李慧君　季玉祥　唐天乐　温莹莹

引 言

Preface

18 世纪 60 年代，人类开始进入工业文明阶段。该阶段的特点是过于强调经济的发展，造成了严重的资源浪费、环境污染和生态破坏，威胁到人类的健康和地球的命运。自 20 世纪 30 年代起，陆续发生了一系列重大环境污染事件，人们开始对环境问题进行严肃的思考。美国海洋生物学家蕾切尔·露易丝·卡森指出："我们长期以来行驶的道路，容易被人误认为是一条可以高速前进的平坦、舒适的超级公路，但实际上，这条路的终点却潜伏着灾难，而另外的道路则为我们提供了保护地球的最后道路。"但这是什么道路，她并没有具体指出。1987 年世界环境与发展委员会发布的研究报告《我们共同的未来》指出：环境危机、能源危机与发展危机，三者不可分割。地球的资源和能源远不能满足人类发展的需要，必须为了当代人和下代人的利益改变发展模式。

进入文明社会后，文明演化留给我们的经验教训是，如果环境遭到污染、生态文明遭到破坏，整个人类文明就会失去赖以立足的前提，必然走向衰亡。随着人类对大自然认识的加深，人类对大自然的态度发生了质的变化，人类文明发展的方式也在发生改变。最终，人类开始从工业文明跨入一个新的文明阶段，即生态文明阶段。因此，生态文明建设是我国党和政府充分吸纳中华传统文化智慧并反思工业文明与现有发展模式的不足，创造性地回答经济发展与环境关系问题所取得的重大成果。我国生态文明理念是可持续发展理论的拓展和升华，对推进人类文明进程具有重大贡献。该理念引起国际社会的广泛关注，在 2013 年 2 月召开的联合国环境规划署第 27 次理事会上，生态文明理念被正式写入决定案文。

我国从 20 世纪 60 年代就非常重视环境污染的防治，一些高等院校设立"三废"系，为我国培养了大量的环境方面的人才。但是，由于过去我国经济粗放式的发展模式，造成我国的环境问题未能得到有效遏制，严重的生态危机出现在人们面前。因此，中国必须要改变经济发展模式和人与自然的关系，按照自然的规律进行生产，与自然和谐共处。这不仅是我们自身的需求，也是国际社会的需要。环境保护的难点就是如何处理经济发展与环境保护的关系，所以我们必须根据中国的国情进行选择，走一条遵循代价小、效益好、排放低、可持续等原则的环境保护新路。1994 年，中国政府发布《中国 21 世纪议程——中国 21 世纪人口、环境与发展白皮书》，首次把可持续发展战略纳入我国经济和社会的长远规划；1997 年，党的十五大明确地把可持续发展确定为我国“现代化建设中必须实施”的基本战略，并一直执行至今。

环境保护和生态文明教育是人类实现可持续发展和创建生态文明社会的需要，其宗旨是让人们都能认可可持续发展理念，全社会形成爱护自然、保护环境的社会风尚。环境保护和生态文明建设的推动，关键在人。只有把环境保护和生态文明教育融入育人的全过程，才能为未来培养具有生态文明价值观和实践能力的建设者和接班人。自联合国发布《2030 年可持续发展议程》《可持续发展教育全球行动计划》以来，联合国教科文组织不断加大世界各国推进可持续发展教育的力度。我国教育部根据相关规划也进一步做出了“加强可持续发展教育”的最新部署，这次部署聚焦国家发展战略，突出问题导向，系统谋划发展，紧密结合习近平总书记生态文明思想，绘制了今后一个时期学校生态文明教育发展的宏伟蓝图。

海南省作为一个生态大省，尤为注重生态文明建设。2017 年，海南省委审议通过《中共海南省委关于进一步加强生态文明建设谱写美丽中国海南篇章的决定》，系统部署生态文明建设；2018 年，海南省教育厅印发了《海南省教育厅关于大力推行生态文明教育的实施意见》，对海南省大中小学学生的生态文明教育工作的开展做出了具体规划。

在海南省大力推行生态文明教育背景下，我们启动了具有海南地方特色的环境保护与生态文明建设教材的编写工作。在本教材的编写修订过程中，我们坚持以习近平新时代中国特色社会主义思想和生态文明思想为指引，突出基础教育与人文素质教育，将环境保护与生态文明建设贯穿于本教材。

在编写宗旨上，本教材坚持质量第一、思想政治教育为上，牢牢把握生态文明建设的新形势和新要求，坚持与时俱进不断创新。我们希望本教材的出版，能够进一步推动海南省生态文明建设深化改革，为培养高质量的优秀人才做出贡献。

Contents

目录

第一编　环境保护

第二编　生态文明建设

第一编 | 环境保护

本编首先对环境问题的认识、环境意识的产生和环境保护工作的发展史进行了介绍，并对我国环境保护所做的工作进行了概述。在此基础上，依次对水环境污染与防治、大气污染与保护、土壤污染与保护、生物多样性保护进行了讲述，并对能够有效协调经济发展和环境保护的“循环经济和绿色发展”相关内容进行了介绍。

第一章　绪论

要点导航：

掌握可持续发展战略提出的背景及意义。

熟悉全球对环境保护认识的过程及采取的措施。

了解全球环境污染现状。

人类在漫长的历史发展进程当中，先后经历了原始文明、农业文明和工业文明三个文明时期。人类与自然的关系也在不断发生着变化，由原始文明时期的惧怕自然、农业文明时期初步产生自给自足的思想到工业文明时期以人类为中心征服自然。尤其是自工业革命以来，科技带来生产力的大幅度提升，该阶段人类过于注重经济发展，忽视了人类活动对自然资源和生态的影响，出现了高能耗、高污染、低产出等一系列问题。地域性重大污染事件频发，全球性生态危机严峻，环境污染和生态破坏使人类的生命健康和地球的命运都受到了威胁。

第一节　世界环境保护发展概述

自工业革命以来，随着科技进步和生产力水平的大幅度提升，人类征服和改造自然的能力也大大增强。传统工业化以过度消耗自然资源、大量排放各种污染物为代价，在创造了无与伦比的物质财富的同时也造成了大范围生态环境破坏，人类为此付出了沉痛的代价。自 20 世纪 30 年代开始，相继发生了比利时马斯河谷烟雾、洛杉矶烟雾、伦敦烟雾、日本水俣病等震惊世界的公害事件，造成了大量人员生病甚至死亡。人们开始将注意力转移到环境保护方面，关注自然与人类发展的和谐相处。20 世纪 60 年代，日趋严重的环境问题促使人类环境意识的觉醒，随着对环境问题的认识逐步深入，对发展模式进行了深刻反思。环境意识的觉醒，以著名的三本书为代表；对环境问题的认识过程，以四次世界性环境与发展会议为标志。按照时间节点，我们对世界在环境意识觉醒和环境问题认识过程中的环境保护发展史进行学习。

一、第一本书：《寂静的春天》

1962 年，美国海洋生物学家蕾切尔·露易丝·卡森（Rachel Louise Carson）创作的科普读物《寂静的春天》，对农药的大量施用后所引发的一系列环境问题进行了描述。这本书引起了人们对环境问题的思考，但是当时有不少人反对她的观点，特别是一些陶醉在自己发明创造带来新效益的化工界人士。所幸的是这本书的出版敲响了环境保护的警钟，唤醒了部分公众对环境问题的注意，引发了人们的环保意识，并将环境保护问题提到了各国政府面前，各种环境保护组织纷纷成立。作者指出："我们长期以来行驶的道路，容易被人误认为是一条可以高速前进的平坦、舒适的超级公路，但实际上，这条路的终点却潜伏着灾难，而另外的道路则为我们提供了保护地球的最后道路。"她是最早提出经济发展道路不合理，需要改变走另一条路的人，但是走什么样的发展道路，她并没有明确指出。

这个时期，人们把环境问题仅仅看作是污染问题，对环境污染的认识限于防治。在面对严重环境污染和生态破坏的情况下，如何保障人类的永续发展，成为亟待解决的世界性难题。

二、第二本书：《增长的极限》

随着人们意识到环境问题是由不正确的经济发展模式引起的，一些民间学术团体成立，其中比较著名的是罗马俱乐部。1968 年，来自世界上 10 个国家的 30 位不同领域的专家建立了国际性民间学术团体罗马俱乐部，主要从事有关全球性问题的宣传、预测和研究活动；宗旨是通过对人口、粮食、工业化、污染、资源、贫困、教育等全球性问题的系统研究，提高公众的全球意识，敦促国际组织和各国有关部门改革社会和政治制度，并采取必要的社会和政治行动，以改善全球管理，使人类摆脱所面临的困境。1972 年，麻省理工学院丹尼斯·米都斯等教授撰写了第一份研究报告《增长的极限》（并于同年出版），指出地球的支撑能力和承载能力都是有限的，预言经济增长不可能无限持续下去，如果不采取措施的话，总有一天地球的支撑能力和承载能力会达到极限，届时全球的经济发展就会发生不可控制的衰退，甚至使地球有衰亡的危险；为了改变当前面临的问题，他们设计了"零增长"的对策性方案，在全世界挑起了一场大辩论。该书第一次向人们展示了在一个有限的星球上无止境地追求增长所带来的后果，引发了增长极限的大讨论。同时它指出为了避免超越地球的支撑能力和承载能力的极限而导致世界崩溃，最好的办法就是限制增长，甚至于停止增长。该书对人类前途的忧虑促使人们密切关注人口、资源和环境问题，但是反对增长的观点受到了尖锐的批评和责难。不过，这本书为孕育可持续发展的观点提供了土壤，启发我们进一步去思考应该怎么协调经济发展、人口增长、粮食短缺、资源消耗和环境污染之间的关系。

罗马俱乐部在建立初期因其偏向于以欧洲事务为中心而受到批评，现在越来越多的亚洲成员加入该组织。我国周晋峰博士是罗马俱乐部中唯一一名中国籍成员，并于 2018 年当选罗马俱乐部执行委员会委员。

三、第一次会议：联合国人类与环境会议

《寂静的春天》的出版，引起了各个国家对环境的关注。为保护和改善环境，1972年6月5日至16日在瑞典首都斯德哥尔摩召开有113个国家和地区的代表参加的讨论当代环境问题的第一次国际会议（联合国人类与环境会议），这也是历史上第一次在联合国会议上讨论环境问题。会议的目的是要促使人们和各国政府注意到人类的活动正在破坏自然环境，并给人们的生存和发展造成了严重的威胁。

该会议的主要成果是通过了全球性的旨在保护环境的《人类环境宣言》，阐明了与会国和国际组织所取得的7点共同看法和26项原则，以鼓舞和指导世界各国人民保护和改善人类环境。该宣言明确宣布："按照联合国宪章和国际法原则，各国具有按照其环境政策开发其资源的主权权利，同时亦负有责任，确保在他管辖或控制范围内的活动，不致对其他国家的环境或其本国管辖范围以外地区的环境造成损害。""有关保护和改善环境的国际问题，应当由所有国家，不论大小，在平等的基础上本着合作精神来加以处理。"该宣言对于促进国际环境法的发展具有重要作用。该会议号召各国政府和人民为保护和改善环境而奋斗，它开创了人类社会环境保护事业的新纪元，揭开了人类共同保护环境的序幕，这是人类环境保护史上的第一座里程碑。同时，该会议决定成立世界环境与发展委员会（1983年成立），负责制订长期的环境对策，研究有效解决环境问题的途径。同年的第27届联合国大会把每年的6月5日定为"世界环境日"。

四、第三本书：《我们共同的未来》

20世纪80年代，世界对环境的认识有了新的突破性发展，提出可持续发展战略。1987年，世界环境与发展委员会发表了题为"我们共同的未来"的报告（并于同年出版）。该书指出，地球正在发生着急剧改变，环境日趋恶化，从而威胁包括人类在内的许多物种的生存。该书告诫人们，决定地球和人类前途命运的是"环境"。在此背景下，该书提出世界发展需要一条新的发展道路，这条道路不是仅能在若干年内、在若干个地方支持人类进步的道路，而是一直到遥远的未来都能支持全球人类进步的道路，即可持续发展道路，可持续发展的概念由此诞生。该书以可持续发展为基本纲领，从保护环境和资源、满足当代和后代的需要出发，强调世界各国政府和人民要对经济发展和环境保护两大任务担负起历史责任，并把两者有机结合起来。这一时期形成的可持续发展战略，指明了解决环境问题的根本途径。可持续发展战略呼应了卡森提出的需要改变发展道路的观点，也对《增长的极限》提出的限制甚至停止增长的模式进行了纠正。该书使人类对于环境问题和发展问题的认识有了一个重大的飞跃，表现在可持续发展观念的提出。可以说，世界环境与发展委员会为人类做了很大的贡献。

可持续发展和传统发展理论的区别在于以下四个方面：一是传统的发展单纯以经济增长为目标，而可持续发展的目标是经济（发展）、社会（进步）、资源（保护）和环境（污染的解决）的综合发展；二是传统的发展注重眼前利益和局部利益，而可持续发展注重长远利益和整体利益；三是传统的发展是资源推动型的发展（资源丰富发展快，开发完后成"鬼城"，如资源枯竭型城市），而可持续发展是知识推动型的发展

（资源节约型，靠科学技术发展，用高科技提高利用率）；四是传统的发展是对自然掠夺的发展，而可持续发展是与自然和谐的发展。

五、第二次会议：联合国环境与发展大会

20 世纪 90 年代，进一步巩固和发展了可持续发展战略指导思想，形成了当代主导的环境意识。为纪念斯德哥尔摩第一次人类环境会议召开 20 周年，1992 年 6 月 3 日至 14 日，在巴西里约热内卢召开了由 183 个国家代表团和 70 多个国际组织代表参加的联合国环境与发展大会（又称“地球会议”），其中有 103 位国家元首或政府首脑与会并讲话。

这次会议的宗旨是回顾第一次人类环境大会召开后 20 年来全球环境保护的历程，敦促各国政府和公众采取积极措施协调合作，防止环境污染和生态恶化，为保护人类生存环境而共同努力。全球否定了“高生产、高消耗、高污染”的传统发展模式，对发展中的环境问题认识空前提高。与会各国就环境保护和经济发展相协调的主张达成共识，并表达了共同应对环境问题的愿望。世界各国一致同意实施可持续发展战略既能满足当代人的需要，又不对后代人满足其需要的能力构成危害的发展。可持续发展这一概念深入人心。

会议讨论通过了《关于环境与发展里约热内卢宣言》（又称《地球宪章》，其指出和平、发展和保护环境是互相依存、不可分割的，世界各国应在环境与发展领域加强国际合作，为建立一种新的、公平的全球伙伴关系而努力；会议同时出台国际环境与发展的 27 项基本原则）、《21 世纪议程》（确定 21 世纪 39 项战略计划）和《关于森林问题的原则声明》，并签署了《生物多样性公约》（制止动植物濒危和灭绝）和《联合国气候变化框架公约》（防治地球变暖）两个公约。其中，《21 世纪议程》载有 2 500 多条各式各样的行动建议，包括如何减少浪费性消费、消除贫穷、保护大气层、海洋和生物多样性以及促进可持续农业的详细建议，讨论实施可持续发展的具体方法，是前所未有的可持续发展全球行动计划。以上这些文件为保护全球生态环境和生物资源提供了指导，要求发达国家承担更多的义务，同时也照顾到发展中国家的特殊情况和利益，为此后的气候变化和可持续发展谈判奠定了基石。该会议促使环境保护和经济、社会协调发展，以实现人类的可持续发展作为全球的行动纲领，环境保护与经济发展密不可分的道理被广泛接受。此次会议的成果具有积极意义，是 20 世纪人类社会的又一次重大转折，在人类环境保护与持续发展进程上迈出了重要的一步，树立了人类环境与发展关系史上的新的里程碑。

六、第三次会议：联合国可持续发展首脑会议

在巴西联合国环境与发展大会之后，各国为履行环保承诺，做出了许多努力。为评价自 1992 年地球问题首脑会议以来遇到的障碍和取得的成果，2002 年 8 月 26 日至 9 月 4 日在南非约翰内斯堡召开了联合国可持续发展首脑会议（又称“约翰内斯堡首脑会议”），各国国家元首和政府首脑、国家代表和非政府组织、工商界和其他主要群体的代表聚集一堂，将全世界的注意力集中在可持续发展的各项行动之上。会议为各国领导

人提供了一个做出具体承诺的重要机会，以便采取行动执行《21 世纪议程》并实现可持续发展；会议的重点是化计划为行动，使人们有机会利用过去 10 年来得到的知识，并提供新的动力，让人们决心为加强全球的可持续发展能力而划拨资源、采取具体行动。

会议全面审议《关于环境与发展里约热内卢宣言》《21 世纪议程》及主要环境公约的执行情况，围绕健康、生物多样性、农业、水、能源等五个主题，形成面向行动的战略与措施，积极推进全球的可持续发展；协商通过《约翰内斯堡可持续发展宣言》和《可持续发展世界首脑会议执行计划》。《约翰内斯堡可持续发展宣言》承认自 1992 年联合国环境与发展大会（地球会议）确定可持续发展战略 10 年后，预期目标没有实现，地球仍然伤痕累累（环境问题）、世界贫富不均衡（经济问题）、冲突不断（社会问题）。同时，会议指出可持续发展要求改善全世界人民的生活质量，即使加大利用自然资源的程度，也不能超出地球的承受能力。经济增长、社会进步和环境保护是可持续发展的三大支柱，虽然每个区域采取不同的行动，但为了确定真正可持续的生活方式，经济增长和社会进步必须同环境保护、生态平衡相协调。建立在从地球首脑会议以来所取得的进展和经验教训的基础上制定的约翰内斯堡执行计划，提供了更有针对性的办法和具体步骤，以及可量化的和有时限的指标和目标。

七、第四次会议：联合国可持续发展大会

联合国可持续发展大会，又称“里约 +20”峰会，于 2012 年 6 月 20 日至 22 日在巴西里约热内卢召开。这次会议是继 1992 年联合国环境与发展大会及 2002 年南非约翰内斯堡可持续发展首脑会议后，国际可持续发展领域举行的又一次大规模、高级别会议。会议以绿色经济在可持续发展和消除贫困方面的作用和可持续发展的体制框架为主题，以达成新的可持续发展政治承诺、找出目前在实现可持续发展过程中取得的成就与面临的不足、应对不断出现的各类新挑战为目标进行了讨论。会议发起可持续发展目标讨论进程，提出绿色经济是实现可持续发展的重要手段，正式通过《我们憧憬的未来》这一成果文件。

总体来看，“里约 +20”峰会各利益方在大会任务、主题、目标，以及经济发展、社会发展和环境保护三大支柱上相互统筹，在坚持“共同但有区别的责任”原则，发展模式多样化、多方参与、协商一致等基本原则上均具有共识。很多国家也提出设立可持续发展目标，研究设计可持续发展衡量新指标等建议。但各国在两大议题的一些具体立场上仍存在一定差异。

发达国家或地区分别对绿色经济和可持续发展机制框架提供了各自的设计方案，积极为未来可持续发展谋篇布局，力图在领导世界未来可持续发展和绿色技术发展方向上争取主动、抢占先机，总体处于主导地位；发展中国家则更多地从维护自身发展权益的角度，继续强调“共同但有区别的责任”原则和多边主义精神，强调绿色发展的公平性，要求发达国家率先改变其不可持续的生产和消费方式，并在资金、技术等方面继续给予发展中国家帮助，反对贸易保护主义，支持联合国机构改革，总体处于应对地位。发达国家根据自身情况分别把资源有效利用、能源、环境和人类安全等问题放在更加优

先的位置，立场集中；发展中国家普遍把消除贫困放在首位，关注重点各有不同。

时任联合国秘书长潘基文在发言中说道："'里约+20'峰会不是结束，而是开始。让我们共同期待未来，不只是宣言，更是切实的行动。"

经过几十年的发展，从《寂静的春天》敲响了环境危机的警钟到可持续发展战略的提出及实施，国际社会为解决环境问题付出了很大努力，但全球环境问题仅有少数有所缓解，总体仍在恶化。气候变化、水资源危机、化学品污染、生物多样性锐减、土地退化等问题并未得到有效解决。发达国家和地区已经基本解决传统工业化带来的环境污染问题，但是大多数发展中国家由于人口增长、工业化和城镇化、承接发达国家的污染转移等因素，环境质量恶化趋势加剧，治理难度进一步加大。人类必须改变经济发展模式和人与自然的关系，提倡人与自然和谐共处，仿效自然，按照自然的规律进行生产，才能从根本上解决环境问题。

第二节　我国环境保护发展史

从全球视野看，人类面对的环境问题特别是环境污染问题，主要经历了"沉痛的代价（八大环境污染事件为代表）、宝贵的觉醒（三本书为代表）、奋起的飞跃（四次联合国环境会议为代表）"三个阶段。发达国家走过了"先污染后治理、牺牲环境换取经济增长"的老路，发达国家环境保护进程中的经验教训值得我们深思和汲取。我国不能重蹈覆辙，必须积极探索环境保护新道路。

我国推进环境保护的鲜明做法，就是统筹国际和国内两个大局，既参与国际环境与发展领域的合作与治理，又根据国内新形势新任务及时出台加强环境保护的战略举措。1972年联合国首次人类环境会议、1992年联合国环境与发展大会、2002年可持续发展世界首脑会议和2012年联合国可持续发展大会，为我国加强环境保护提供了重要借鉴和外部条件。我国环境保护大致可以分为以下五个阶段。

一、第一阶段：从20世纪70年代初到党的十一届三中全会

1972年召开人类环境会议。周恩来总理首先看到了我国环境污染的严重性，他强调不能将环境问题看成小事。在周总理的指示下，我国派出代表团参加了人类环境会议。会议后不久，1973年8月国务院召开第一次全国环境保护会议，提出了"全面规划、合理布局，综合利用、化害为利，依靠群众、大家动手，保护环境、造福人民"的32字环保工作方针。

二、第二阶段：从党的十一届三中全会到1992年

这一时期，我国环境保护逐渐步入正轨。1983年召开的第二次全国环境保护会议，把保护环境确立为基本国策。1984年5月，国务院出台《关于环境保护工作的决定》，环境保护开始纳入国民经济和社会发展计划。1988年设立国家环境保护局，成为国务院直属机构，地方政府也陆续成立环境保护机构。1989年国务院召开第三次全国环境

保护会议，提出要积极推行环境保护目标责任制、城市环境综合整治定量考核制、排放污染物许可证制、污染集中控制、限期治理、环境影响评价制度、“三同时”制度（建设项目中环境保护设施必须与主体工程同步设计、同时施工、同时投产使用）、排污收费制度8项环境管理制度。同时，以1979年颁布试行、1989年正式实施的《中华人民共和国环境保护法》为代表的环境法规体系初步建立，为开展环境治理奠定了法治基础。

三、第三阶段：从1992年到2002年

1992年，里约环境与发展大会两个月之后，中共中央、国务院发布《中国关于环境与发展问题的十大对策》，把实施可持续发展确立为国家战略。1994年3月，我国政府率先制定实施《中国21世纪议程》。1996年，国务院召开第四次全国环境保护会议，发布《关于环境保护若干问题的决定》，大力推进“一控双达标”（控制主要污染物排放总量、工业污染源达标和重点城市的环境质量按功能区达标）工作。全面开展“三河”（淮河、海河、辽河）、“三湖”（太湖、滇池、巢湖）水污染防治、“两控区”（酸雨污染控制区和二氧化硫污染控制区）大气污染防治、“一市”（北京市）、“一海”（渤海），也简称“33211”工程的污染防治，启动了退耕还林、退耕还草、保护天然林等一系列生态保护重大工程。

四、第四阶段：从2002年到2012年

党的十六大以来，党中央、国务院提出树立和落实科学发展观，构建社会主义和谐社会，建设资源节约型环境友好型社会，让江河湖泊休养生息，推进环境保护历史性转变、环境保护是重大民生问题及探索环境保护新路等新思想新举措。2002年、2006年和2011年，国务院先后召开第五至第七次全国环境保护大会，做出一系列新的重大决策部署。把主要污染物减排作为经济社会发展的约束性指标，完善环境法制和经济政策，强化重点流域区域污染防治，提高环境执法监管能力，积极开展国际环境交流与合作。

五、第五阶段：党的十八大至今

党的十八大将生态文明建设纳入中国特色社会主义事业总体布局，把生态文明建设放在突出地位，要求融入经济建设、政治建设、文化建设、社会建设各方面和全过程，努力建设美丽中国，实现中华民族永续发展，走向社会主义生态文明新时代。这是具有里程碑意义的科学论断和战略抉择，标志着我们党对中国特色社会主义规律认识的进一步深化，昭示着要从建设生态文明的战略高度来认识和解决我国环境问题。

生态兴则文明兴，良好生态环境是经济社会持续健康发展的重要推动力。党的十九大报告指出：“我们要建设的现代化是人与自然和谐共生的现代化，既要创造更多物质财富和精神财富以满足人民日益增长的美好生活需要，也要提供更多优质生态产品以满足人民日益增长的优美生态环境需要。”发展经济是为了民生，保护生态环境同样也是为了民生。现阶段，高质量发展要更加突出以人民为中心的发展，必须贯彻创新、协调、绿色、开放、共享的发展理念，摆脱速度情结、路径依赖，更加注重质量与效益的

提升，经济建设与生态建设的协同发展，更加关注人民的获得感、幸福感、安全感等。同时，要坚决摒弃以牺牲生态环境换取一时一地经济增长的做法，让良好生态环境成为人民生活的增长力，成为经济社会持续健康发展的推动力，为中华民族永续发展提供保障，为人类现代化进程提供参照和借鉴。

建设生态文明，是我们党创造性地回答经济发展与环境关系问题所取得的重大成果，为统筹人与自然和谐发展指明了前进方向；是我们党积极主动顺应广大人民群众新期待，进一步丰富和完善中国特色社会主义事业总体布局的战略部署；是我们党充分吸纳中华传统文化智慧并反思工业文明与现有发展模式的不足，积极推进人类文明进程的重大贡献；是我们党深刻把握当今世界发展绿色、循环、低碳新趋向，对可持续发展理论的拓展和升华。

生态文明是人类为保护和建设美好生态环境而取得的物质成果、精神成果和制度成果的总和，是人与自然、环境与经济、人与社会和谐共生的社会形态。它既是对传统发展模式的深刻反思和升华，又是对未来持续发展的美好向往和憧憬。生态文明不是不要发展、不搞工业文明，放弃对物质生活追求，回到原生态的生产生活方式，而是在吸收、借鉴人类一切文明成果尤其是工业文明成果的基础上，为统筹解决经济社会发展与资源环境问题，提供全新的指导理念和实践取向，开辟无限广阔的发展空间。环境保护是生态文明建设的主阵地和根本措施。建设生态文明的主要目的是解决环境问题，最大制约因素是环境问题，薄弱环节和突破口是环境保护，最先体现成效的也是环境保护。环境保护取得的任何成效、任何突破，都是对生态文明建设的积极贡献，直接决定着生态文明建设的进程。我国生态文明理念引起国际社会关注，在 2013 年 2 月召开的联合国环境规划署第 27 次理事会上，被正式写入决定案文。

当前和今后，我们必须根据中国的国情走一条符合中国国情特点的环境保护新道路。而这个新道路就是要遵循代价小、效益好、排放低、可持续的基本要求。

环境保护是功在当代、利在千秋的崇高事业。面对资源约束趋紧、环境污染严重、生态系统退化的严峻形势，需要与时俱进的巨大勇气和创新精神。绿色发展，从曾经的选择题变为现在的必答题。对于其中的辩证关系，习近平总书记阐述得十分透彻："生态文明建设事关中华民族永续发展和'两个一百年'奋斗目标的实现。保护生态环境就是保护生产力，改善生态环境就是发展生产力。"今日之中国，生态环境保护的科学理念已深入人心，生态文明建设领域史无前例的深刻变革正砥砺前行。我们有理由相信，只要坚持以习近平生态文明思想为指导，坚持绿色发展，中国在创造经济奇迹的同时，一定会创造出一个生态奇迹，打造出"绿水青山"与"金山银山"交相辉映的亮丽风景线。

思考题：

（1）简述环境保护的定义及内涵。

（2）简述我国环境保护的发展史。

（3）谈谈作为大学生如何践行环境保护。

（4）根据自己周围生态环境发生的变化，谈谈环境保护对生活的影响。

第二章　水环境污染与防治

要点导航：

掌握水的社会循环、水污染的定义、水污染的常用评价指标以及水体自净作用等。

熟悉水污染的分类及其危害以及污水处理的基本方法；了解海洋污染的主要来源、分类及控制措施。

了解水的自然循环及水污染防治的任务与原则。

水是生命之源，同样也是工业生产、农业生产和城市发展不可缺少的资源。人类习惯于把水看成是取之不尽、用之不竭的廉价自然资源。但是，随着城镇化进程的加快以及经济的高速增长，人类在生产和生活中排放大量的废水、污水导致的水体污染现象也日趋严重，并且对人类的生命健康和生存发展构成了威胁。因此，保护水资源、防治水污染是我们义不容辞的责任。

第一节　水资源与水循环

一、水资源现状

地球是一个蔚蓝色的星球，地球的储水量是很丰富的，共有 14. 5 亿立方千米之多，其 72% 的面积被水覆盖。但实际上，地球上 97. 47% 的水是咸水（其中 96. 53% 是海洋水，0. 94% 是湖泊咸水和地下咸水），不能饮用，不能灌溉，也很难应用于工业，能直接被人们生产和生活利用的淡水仅有 2. 53% 。而淡水资源中，将近 70% 冻结在南极和格陵兰的冰盖中，其余的大部分是土壤中的水分或是深层地下水，难以供人类使用。来源于江河、湖泊、水库及浅层地下水水可供人类直接使用，但其数量不足世界淡水总资源的 1% ，约占地球上全部水的 0. 007% 。

我国水资源的特点是：首先，人均占有量少。我国的淡水资源总量为 2. 8 万亿立方米，占全球水资源的 6% ，仅次于巴西、俄罗斯和加拿大，名列世界第四位。但是，我国的人均水资源量只有 2 300 立方米，仅为世界平均水平的 1/4，是全球人均水资源最贫乏的国家之一。其次，空间分布不均。我国 81% 的水资源分布在长江流域及其以南。最后，年内及年均变化大。我国每年 60% ～80% 降水集中在夏季（7—9 月），年际变化差 3 ～6 倍。

随着工业化进程的加快和经济的快速发展，水资源短缺的现象正在很多地区相继出现，与此同时水污染更加剧了水资源的紧张，并对人类的生命健康形成威胁。水资源的短缺包括资源性缺水和水质性缺水。资源性缺水是指当地水资源总量少，从而供水紧张，如我国的西北地区水资源匮乏，就属于资源性缺水。水质性缺水是指人类在生产和生活中产生的废水、污水排放到水体中，使水体水质恶化而不能使用的水资源短缺现象，简单讲就是有水但是不能用。例如珠江三角洲地带，尽管水量丰富，但是由于河道水体受污染，清洁水源严重不足。

二、水循环

自然界中的水并不是静止不动的，各种形式的水在不断地循环运动，根据水循环驱动力的不同，水的循环分为自然循环和社会循环。

（一）水的自然循环

在太阳辐射及地球引力的作用下，各种形态的水不断循环变化，在海洋、大气和陆地之间不停息地运动，从而形成了水的自然循环。水的自然循环主要有海洋内循环、陆地内循环和海陆间大循环三种类型。其中海洋内循环、陆地内循环主要是通过蒸发和降水两个过程来完成的；海陆间大循环是指海洋水蒸发后到达海洋上空，随着大气运动输送到陆地上空，经冷凝后形成降水降落到陆地表面，降水在陆地表面形成地表径流，渗入地下形成地下径流，通过地表径流和地下径流，最终流回海洋，完成一个循环周期。

（二）水的社会循环

一般来讲，给水系统的水源和排水系统接纳的水体大多是人类生活邻近的河流、湖泊，即用水取之于河流、湖泊，水用完后还之于该河流、湖泊，从而形成一种受人类社会活动所影响的水循环，这种水循环称为水的社会循环。人类为了满足生存和发展的需要，不断从天然水体中取水，或直接使用（例如农业灌溉用水）或经过给水处理使用（例如生活用水和生产用水）。在人类生产和生活用水中，只有很少一部分水被消耗，绝大部分的水变成了生活污水和生产废水。因此，在水的社会循环中，如果产生的生活污水和生产废水不经过处理直接排入水体，就很容易导致水体污染，从而成为水体污染的主要根源。因此，为避免水体污染的产生，使用后产生的生活污水和生产废水要进行收集。经过处理后，一是达到相关标准，直接排放；二是经深度处理后进行污水回用。

与水的自然循环相比，我们可以看出，在水的社会循环中，由于人类活动的影响，水的性质在不断发生变化。

第二节　水污染及其危害

水污染是指排入水体的污染物在数量上超过了该物质在水体中的本底含量和水体的自净能力，导致水的物理、化学、生物等方面的特性发生改变，从而影响水的有效利用，危害人体健康或破坏水环境的生态平衡，造成水质恶化的现象。物理特性的改变主要有水体的温度、色度、嗅和味以及固体悬浮物等，化学特性的改变主要有水体的 pH、化学需氧量（chemical oxygen demand，COD）、生化需氧量（biochemical oxygen demand，

BOD）等，生物特性的改变主要是指水体中生物的种类及数量的改变。

一、水污染分类

水污染按照污染物的来源及性质，有多种不同的分类的方法，此处主要介绍常见的几种。

（一）按照人类活动的方式划分

工业污染源：在各类工矿企业生产过程中产生，其特点是污染量大、水量水质多变、成分复杂、难处理。

农业污染源：主要来自农业生产中农药、化肥的使用，具有污染面广、分散、难收集等特点。

生活污染源：主要是生活中的各种洗涤水，如厨房用水、冲厕用水。

（二）按照排放污染物的种类划分

有机污染：有机污染物有的有毒，如酚、酮、醛、硝基化合物、有机含氯化合物、多氯联苯（PCB）和芳香族氨基化合物、染料等，直接污染水体；有的无毒，如生活及食品工业污水中所含的碳水化合物、蛋白质、脂肪等，这些物质在一定条件下分解时能产生有毒物质，如 CH_4、NH_3 和 H_2S 等。水体中有机化合物大多数可为细菌所利用和分解，而在分解过程中消耗水中溶解氧，可使水中鱼类和其他水生生物因缺氧而受害、死亡，从而破坏水体的生态平衡，使水体失去自净能力。有些有机物还能在水中形成泡沫、浮垢，引起水质浑浊和恶臭。

重金属污染：危害较大的重金属有汞（Hg）、镉（Cd）、铬（Cr）、镍（Ni）、铅（Pb）、锌（Zn）等，它们除溶解在水中外，还可积累在水生生物体内，通过食物链传递，危害人类健康。

化肥和农药污染：化肥中磷（P）、氮（N）大量进入水体将引起水体富营养化。农药如 DDT、六六六等，进入水体能直接杀害水中生物或通过水产品危害人类健康。

热污染：由工业排放的高温废水造成，主要影响水中生物的生存和繁殖。

石油污染：多发生在海上，主要影响海洋生物生长。

放射性污染：水中放射性污染物可附着在生物体表面，也可被生物吸入体内积累致害。

病原微生物污染：来自生活污水、饲养场、制革工业、医院等的废水，废水中的病毒、病菌、寄生虫等通过污染水体传播疾病。

（三）按照排放污染物的空间分布方式划分

点源污染：有固定的排放点，发生源以点状形式排放而使水体污染。一般工业污染源和生活污染源产生的工业废水和城市生活污水，都是经过管道输送到水体排放口，属于点源污染。

面源污染：无固定排放点，发生源以面积形式分布和排放污染物而造成水体污染。例如，在农业生产中使用的农药、化肥随着降水或灌溉进入水体的方式就属于面源污染。

(四) 按照污染物的性质划分

物理性污染：感官污染（例如水体的色度、嗅和味）、热污染（有些工业生产排出较高温度的污水会使水体水温升高，引起水体热污染）、悬浮物污染。

化学性污染：酸碱污染、重金属污染（例如采矿、冶炼、电镀等工业中会产生的酸碱污染以及铜、锌、铅、镉、铬、汞等重金属污染）；非金属毒物污染（例如金矿开采冶炼产生的氰化物、玻璃制造和硅酸盐生产中产生的氟化物）；需氧性有机物污染（例如生物污水、食品加工废水等含有的糖类、蛋白质、氨基酸、脂肪酸等）；有机毒物污染（例如化工行业中产生的多环芳烃、多氯联苯等）；营养物质污染（如生活污水、农业污水中产生的氮、磷等营养盐）。

生物性污染：主要指废水中的致病性微生物，包括致病细菌、病虫卵和病毒等。例如医院污水中就含有大量致病性的微生物。

二、水污染的危害

水污染的危害主要体现在以下几个方面。

（1）危害人体健康。

水污染直接影响饮用水源的水质，饮用了受污染的水，会对人体的健康造成危害。由于水源污染和水质恶化，近年来与饮用水有关的传染病及疑难病症在我国时常出现，使人民的健康受到威胁。

（2）降低农作物的产量和质量。

农民常将江、河、湖泊中的水引入农田进行灌溉或用污（废）水进行灌溉，一旦这些水体受到污染，水中的有毒有害物质将污染农田土壤，进而被作物吸收并残留在作物体内。一方面会造成作物枯萎死亡，产量下降；另一方面，作物的品质也会有不同程度的下降。

（3）影响渔业生产的产量和质量。

渔业生产的产量和质量与水质直接相关。淡水渔场由于水污染而造成鱼类大面积死亡的事故常有发生。一些污染严重的河段已经鱼虾绝迹。水污染还会使鱼类和水生生物发生变异，有毒物质在鱼类体内积累，使它们的食用价值大大降低。

（4）制约工业的发展。

由于很多工业（如食品、纺织、造纸、电镀等）需要利用水作为原料或洗涤产品或直接参加产品的加工过程，水质的恶化将直接影响产品的质量。

（5）造成水体富营养化。

有些污水含有大量氮、磷等营养盐，排放到水体后会促使藻类丛生、植物疯长，水体溶解氧下降，进而导致水生生物大量死亡，水体发黑发臭，形成“死湖”“死河”“死海”。

（6）加速生态环境的退化和破坏。

水污染除了对水体中的水生生物造成危害外，对水体周围生态环境的影响也是一个重要方面。水污染使水体感官变差，散发臭气，水中的污染物对周围生物产生毒害作用，加速生物死亡，造成生态环境的退化和破坏。

（7）造成经济损失。

水污染使环境丧失原有的部分或全部功能，造成环境的降级贬值，对人类的生存和经济的发展带来危害，将这些危害货币化即为水污染造成的经济损失。例如，人体健康受到危害将导致劳动力减少、降低生产效率，疾病多发需要支付更多的医药费；鱼类减产或质量变差则直接造成经济损失；对生态环境的污染治理和修复费用都随着污染的加重而增加。

三、水质的污染指标

水质污染指标是评价水质污染程度、进行污水处理工程设计、反映污水处理厂处理效果、开展水污染防治的基本依据。污水所含的污染物质成分复杂，可通过分析检测方法对污染物质做出定性、定量的评价。水质污染指标一般可分为物理性指标、化学性指标和生物性指标三类。

（一）物理性指标

物理性指标是指表示污水物理性质的污染指标，主要有温度、色度、嗅和味、固体物质等。

（1）温度。

许多工业企业排出的污水都有较高的温度，排放这些污水会使水体水温升高，引起水体的热污染。氧在水中的饱和溶解度随水温升高而减少，会造成水中溶解氧减少；加速耗氧反应，最终导致水体缺氧或水质恶化。

（2）色度。

色度是一项感官性指标，纯净的天然水是清澈透明没有颜色的，水的色度来源于金属化合物或有机化合物。

（3）嗅和味。

嗅和味同色度一样也是一项感官性指标，水的异臭来源于还原性硫和氮的化合物、挥发性有机物和氯气等污染物质。

（4）固体物质。

水中所有残渣的总和称为总固体（total solid，TS），总固体包括溶解性固体（dissolved solid，DS）和悬浮固体（在国家标准和规范中又称为悬浮物，用 SS 表示）。水样经过过滤后，滤液蒸干所得的固体即为溶解性固体（DS），滤渣脱水烘干后即是悬浮固体（suspended solids，SS）。固体残渣根据挥发性能可分为挥发性固体（volatile solid，VS）和固定性固体（fixed solids，FS）。将固体在 600 ℃的温度下灼烧，挥发掉的量即是挥发性固体（VS），灼烧残渣则是固定性固体（FS）。溶解性固体一般表示盐类的含量，悬浮固体表示水中不溶解的固态物质含量，挥发性固体反映固体的有机成分含量。

（二）化学性指标

污水的化学性污染指标可分为有机物和无机物。

1. 有机物

生活污水和某些工业废水中所含的碳水化合物、蛋白质、脂肪等有机化合物在微生物作用下最终分解为简单的无机物质、二氧化碳和水等，这些有机物在分解过程中需要消耗大量的氧，故属于耗氧污染物。耗氧有机污染物是水体产生黑臭的主要因素之一。

污水中有机污染物的组成较复杂，分别测定各类有机物的周期较长，工作量较大，通常在工程中必要性不大。有机物污染物的主要危害是消耗水中的溶解氧，因此，在工程中一般采用生化需氧量（biochemical oxygen demand，BOD）、化学需氧量（chemical oxygen demand，COD）、总有机碳（total organic carbon，TOC）、总需氧量（total oxygen demand，TOD）等指标来反映水中有机物的含量。

（1）生化需氧量。

在规定条件下微生物氧化分解污水或受污染的天然水样中有机物所需要的氧量，该指标间接反映了在有氧的条件下，水中可生物降解的有机物的量（以 mg/L 为单位）。生化需氧量愈高，表示水中耗氧有机污染物愈多。目前常以 5 日作为测定生化需氧量的标准时间，称 5 日生化需氧量（BOD_5），通常以 20 ℃为测定的标准温度。

（2）化学需氧量。

用化学方法氧化分解废水水样中有机物过程中所消耗的氧化剂量折合成氧量（O_2）（mg/L）。化学需氧量愈高，表示水中有机污染物愈多。常用的氧化剂主要是重铬酸钾 $K_2Cr_2O_7$（又称 COD_{Cr}）和高锰酸钾 $KMnO_4$（又称 COD_{Mn}或 OC）。如果废水中有机物的组成相对稳定，则化学需氧量和生化需氧量之间应有一定的比例关系。

（3）总有机碳和总需氧量。

目前应用的 BOD_5测试时间长，不能快速反映水体被有机物污染的程度。可测定总有机碳和总需氧量，并寻求它们与 BOD_5的关系，以实现快速测定。总有机碳（TOC）是指在 950 ℃高温下，以铂作为催化剂，使水样气化燃烧，然后测定气体中的 CO_2 含量，从而确定水样中碳元素总量。总需氧量（TOD）是指在 900 ～ 950 ℃高温下，将污水中能被氧化的物质（主要是有机物，包括难分解的有机物及部分无机还原物质）燃烧氧化成稳定的氧化物后，测量载气中氧的减少量。

（4）油类污染物。

油类污染物有石油类和动植物油脂两种。油类污染物进入水体后影响水生生物的生长，降低水体的资源价值。油膜覆盖水面阻碍水的蒸发，影响大气和水体的热交换。油类污染物进入海洋，改变海水的反射率和减少进入海洋表层的日光辐射，对局部地区的水文气象条件可能产生一定影响。大面积油膜将阻碍大气中的氧进入水体，从而降低水体的自净能力。随着石油工业的发展，石油类物质对水体的污染愈来愈严重。石油污染对幼鱼和鱼卵的危害很大，堵塞鱼的鳃部，能使鱼虾类产生石油臭味，降低水产品的食用价值。

（5）酚类污染物。

酚类污染物主要来源于煤气、焦化、石油化工、木材加工、合成树脂等工业废水。酚浓度低时，能影响鱼类的洄游繁殖。酚浓度达 0.1 ～0.2 mg/L 时，鱼肉有酚味。酚浓度高会引起鱼类大量死亡，甚至绝迹。酚的毒性可抑制水中微生物的自然生长速度，有时甚至使其停止生长。酚能与饮用水消毒氯产生氯酚，具有强烈异臭（0.001 mg/L 即有异味）。灌溉用水中酚浓度超过 5 mg/L 时，农作物减产甚至枯死。

（6）表面活性剂。

生活污水与使用表面活性剂的工业废水含有大量表面活性剂。表面活性剂有两类：烷基苯磺酸盐，俗称硬性洗涤剂（alkylbenzene sulfonate，ABS），含有磷并易产生大量泡沫，属于难生物降解有机物；直链烷基苯磺酸盐，俗称软性洗涤剂（linear alkybenzene sulfonate，LAS），属于可生物降解有机物，代替了 ABS，泡沫大大减少，但仍然含有磷。

（7）有机酸碱。

有机酸工业废水含短链脂肪酸、甲酸、乙酸和乳酸等。人造橡胶、合成树脂等工业废水含有机碱，包括吡啶及其同系物。它们都属于可生物降解有机物，但对微生物有毒害或抑制作用。

（8）有机农药。

有机农药有两大类，即有机氯农药与有机磷农药。有机氯农药（如 DDT、六六六等）毒性极大且难分解，会在自然界不断积累，造成二次污染，故我国于 20 世纪 70 年代起禁止生产与使用。有机磷农药（含杀虫剂与除草剂）有敌百虫、乐果、敌敌畏等，毒性大，属于难生物降解有机物，并对微生物有毒害与抑制作用。

（9）苯类化合物。

苯环上的氢被氯、硝基、氨基等取代后生成的芳香族卤化物，主要来源于染料工业废水（含芳香族氨基化合物，如偶氮染料、蒽醌染料、硫化染料等）、炸药工业废水（含芳香族硝基化合物，如三硝基甲苯、苦味酸等）以及电器、塑料、制药、合成橡胶等工业废水（含多氯联苯、联苯胺、萘胺、三苯磷酸盐、丁苯等）。这些人工合成高分子有机化合物种类繁多、成分复杂，大多属于难生物降解有机物，使城镇污水的净化处理难度大大增加，并对微生物有毒害与抑制作用。

2. 无机物

（1）pH。

pH 主要指示水样的酸碱性。$pH<7$ 水样呈酸性，$pH>7$ 水样呈碱性。一般要求处理后污水的 pH 在 6～9 之间。天然水体的 pH 一般近中性，当受到酸碱污染时 pH 发生变化，可杀灭或抑制水体中生物的生长，妨碍水体自净，还可腐蚀船舶。若天然水体长期遭受酸、碱污染，将使水质逐渐酸化或碱化，从而对正常生态系统产生严重影响。

（2）植物营养元素。

污水中的氮、磷为植物营养元素，从农作物生长角度看，植物营养元素是宝贵的养分，但过多的氮、磷进入天然水体会导致富营养化。“富营养化”一词来自湖沼学。湖沼学家认为，富营养化是湖泊衰老的一种表现。湖泊中植物营养元素含量增加，导致水生植物和藻类大量繁殖，使鱼类的生活空间愈来愈少；且藻类的种类逐渐减少，而个体数则迅速增加。藻类过度生长繁殖还将造成水中溶解氧的急剧变化。藻类在有阳光的时候，在光合作用下产生氧气；在夜晚无阳光的时候，藻类的呼吸作用和死亡藻类的分解作用所消耗的氧气能在一定时间内使水体处于严重缺氧状态，从而严重影响鱼类生存。在自然界物质的正常循环过程中，也有可能使某些湖泊由贫营养湖发展为富营养湖，进一步发展为沼泽和干地。

（3）重金属。

重金属主要指汞、镉、铅、铬、镍等生物毒性显著的元素，也包括具有一定毒害性的一般重金属，如锌、铜、钴、锡等。重金属是构成地壳的物质，在自然界分布非常广泛。重金属在自然环境的各部分均存在着本底含量，在正常的天然水中，重金属含量均很低。重金属在人类的生产和生活方面有广泛的应用。这一情况使得在环境中存在着各种各样的重金属污染源。采矿、冶炼、电镀、芯片制造是向环境中释放重金属的主要污染源。这些企业通过污水、废气、废渣向环境中排放重金属，因而能在局部地区造成严重的污染后果。

（4）无机性非金属。

有害有毒水中无机非金属有害有毒污染物主要有砷、含硫化合物、氰化物等。

砷：砷在水质标准中为保证人体健康及保护水生生物的毒理学指标，以水中砷总量计。元素砷不溶于水，几乎没有毒性，但在空气中极易被氧化为剧毒的三氧化二砷，即砒霜。水环境中的砷多以三价和五价形态存在，其化合物可能是有机的，也可能是无机的，三价无机砷化物比五价砷化物对于哺乳动物和水生生物的毒性更大。

含硫化合物：硫在水中存在的主要形式是硫酸盐、硫化物和有机硫化物。硫酸盐分布很广，天然水中，它的主要来源是石膏、硫酸镁、硫酸钠等矿岩的淋溶、硫铁矿的氧化、含硫有机物的氧化分解以及某些含硫工业废水的污染。硫化氢（H_2S）有强烈的臭味，每升水中只要有零点几毫克，就会产生令人不愉快的臭味。厌氧生化反应产生的 H_2S 气体，不仅造成恶臭危害，而且会腐蚀下水道和处理构筑物，空气中的 H_2S 超量会引起人畜中毒死亡。

氰化物：氰化物是含 -CN 化合物的总称，分为简单氰化物、氰络合物和有机氰化物（腈）。其中简单氰化物最常见的是氰化氢、氰化钠和氰化钾，易溶于水，有剧毒，摄入 0.1 g 左右就会致人死亡。天然水体一般不含有氰化物，水中如发现有氰化物存在，往往是工业废水污染所致，如在电镀、煤气炼焦、化纤、选矿和冶金等工业废水中，都有氰化物的存在。

（三）生物性指标

表示污水污染的生物性指标主要有细菌总数、大肠菌群和病毒等。

水中细菌总数反映了水体受细菌污染的程度，可作为评价水质清洁程度和考核水净化效果的指标，一般细菌总数越多，表示病原菌存在的可能性越大。细菌总数不能说明污染的来源，必须结合大肠菌群数来判断水的污染来源和安全程度。水是传播肠道疾病的一种重要媒介，而大肠菌群被视为最基本的粪便污染指示菌群。大肠菌群的值可表明水被粪便污染的程度，间接表明有肠道病菌（伤寒、痢疾、霍乱等）存在的可能性。由于肝炎、小儿麻痹症等多种病毒性疾病可通过水体传染，水体中的病毒已引起人们的高度重视。这些病毒也存在于人的肠道中，通过病人粪便污染水体。目前因缺乏完善的经常性检测技术，水质标准对病毒污染还没有明确的规定。

第三节　水污染防治

自然水体是人类可持续发展的宝贵资源，人类及其赖以生存的生态环境都需要有充足洁净的水源才能得以持续和发展。目前我国水资源污染问题日益严重，水污染危害涉及范围广，被污染水域会严重威胁大众健康。部分水域受重金属影响，可能会导致农业、牧业等受到牵连，间接影响到社会大众的健康程度和生活质量，因此应采取有针对性的解决策略提升我国水污染防治水平。

一、水污染防治的任务及原则

（一）水污染防治的主要任务

第一，制定区域、流域或城镇的水污染防治规划。在调查分析现有水环境质量及水资源利用需求的基础上，明确水污染防治的任务，制定相应的防治措施。

第二，加强对污染源的控制。包括工业污染源、城市居民区污染源、畜禽养殖业污染源以及农田径流等面源污染，采取有效措施减少污染源排放的污染物量。

第三，对各类废水进行妥善的收集和处理。建立完善的排水管网及污水处理厂，使污水排入水体前达到排放标准。

第四，开展水处理工艺的研究。满足不同水质、不同水环境的处理要求。

第五，加强对水环境和水资源的保护。通过法律、行政、技术等一系列措施，使水环境和水资源免受污染。

（二）水污染防治的原则

（1）“防”（预防）。

预防是指对污染源的控制，通过有效控制使污染源排放的污染物达到最少量。主要措施有：推行“清洁生产”工艺、减少末端治理、实现“零排放”、节水、减少生活污水排放量、施肥和农药的合理使用等。

（2）“管”（管理）。

管理是指对污染源、水体及处理设施的管理。主要措施有：对污染源的经常监测和管理、对污水处理厂的监测和管理、对水体卫生特征的监测和管理。例如，限期治理、规范排污口、关停“十五小”、实行排污收费制度、环保设施“三同时”验收等。

（3）“治”（治理）。

治理是水污染防治中不可缺少的一环。通过各种治理措施，对污（废）水进行妥善的处理，确保在排入水体前达到国家或地方规定的污水排放标准。

二、水体自净

污水排入水体后，一方面对水体产生污染，另一方面水体本身有一定的净化污水的能力，即污染物进入水体后首先被稀释，随后经过复杂的物理、化学和生物转化，使污染物浓度降低、性质发生变化，水体自然地恢复原样，这样的过程称为水体自净。

废水或污染物一旦进入水体后，就开始了自净过程。该过程由弱到强，直到趋于恒定，使水质逐渐恢复到正常水平。水体自净主要通过物理、化学和生物等三方面的作用来实现。

物理净化是指由于污染物质的稀释、扩散、沉淀或挥发等作用而使污染物质浓度降低的过程。其中稀释作用是一项重要的物理净化过程。化学净化是指由于氧化、还原、酸碱反应、分解、化合、吸附和凝聚等作用而使污染物质的存在形态发生变化和浓度降低。影响这种自净能力的因素有污染物质的形态和化学性质、水体的温度、氧化还原电位、酸碱度等。生物净化是指进入水中的污染物（特别是有机物）可通水生植物、动物、微生物的新陈代谢作用而不断被分解、转化以降低其浓度。在水体的生物净化作用中，微生物尤为重要。生物净化过程进行的快慢和程度与污染物的性质和数量、（微）生物种类及水体温度、供氧状况等条件有关。

影响水体自净的因素很多，其中主要因素有：受纳水体的地理、水文条件、微生物的种类与数量、水温、复氧能力以及水体和污染物的组成、污染物浓度等。水体的自净能力是有限的，如果排入水体的污染物数量超过某一界限，将造成水体的永久性污染，这一界限称为水体的自净容量或水环境容量。这时需要人为因素干预，对污染水体进行净化。

三、污水处理基本方法

污水处理是指为使污水达到排入某一水体或再次使用的水质标准要求而对其进行净化的过程。

（一）污水处理的方法

污水处理按照其作用可分为物理法、生物法、化学及物理化学法三种。

（1）物理法。

主要利用物理作用分离污水中的非溶解性物质（漂浮物和悬浮物），在处理过程中一般不改变水的化学性质。采用的主要方法有筛滤截留法（如筛网、格栅、过滤等）、重力分离法（如沉砂池、沉淀池、气浮池、隔油池等）、离心分离法（如旋流分离法、离心机等）。物理法处理构筑物较简单、经济，用于村镇水体容量大、自净能力强、污水处理程度要求不高的情况。

（2）生物法。

利用微生物的新陈代谢功能，将污水中呈溶解或胶体状态的有机物分解氧化为稳定的无机物质，使污水得到净化。废水生物处理是用生物学方法处理废水的总称，是现代废水处理应用中最广泛的方法之一。生物处理方法是建立在环境自净作用基础上的人工强化技术，其意义在于创造有利于微生物生长繁殖的良好环境，增强微生物的代谢功能，促进微生物的增殖，加速有机质的无机化，增进污水的净化进程。根据微生物对氧的需求程度不同分为好氧生物处理、缺氧生物处理和厌氧生物处理；根据微生物的生长方式分为悬着生长法和附着生长法，悬浮生长法主要是指活性污泥法，而附着生长法则是指生物膜法。

（3）化学及物理化学法。

利用化学及物理化学反应的原理和方法处理或分离回收污水中的污染物，使其转化为无害或可再生利用的物质。常用的化学及物理化学处理方法有混凝法、中和法、氧化还原法、离子交换法、吸附法、萃取法等。化学处理法处理效果好，但一般费用高，多用于生物处理后出水的进一步处理，从而提高出水水质。

实际中，由于污水中的污染物形态和性质是多种多样的，一般需要几种处理方法组合成处理工艺，合理配置其主次关系与前后位置，才能经济、有效地达到对不同性质的污染物处理的预期目标。

（二）污水处理的程度

污水按照处理的目标和要求，其处理程度一般可分为一级处理、二级处理和三级处理（深度处理）。

一级处理：主要去除污水中呈悬浮状态的固体污染物，采用的主要处理技术为物理法。城镇污水处理厂中，一级处理对 BOD 的去除率一般为 20%～30%，故一级处理一般作为二级处理的前处理。废水的一级处理往往不能达到直接排入水体的水质要求，须进一步处理。

二级处理：污水经过一级处理后，再用生物方法进一步去除污水中的胶体和溶解性污染物的过程，其 BOD 去除率在 90% 以上，主要采用生物法。对于城市污水和与城市污水性质相近的工业废水，经过二级处理一般可以达到排入水体的水质要求。

三级处理：对于一、二级处理仍未达到排放水质要求的难于处理的废水的继续处理，也称深度处理。一般以更高的处理与排放要求，或以污水的回用为目的，在一、二级处理后增加处理过程，以进一步去除污染物，其技术方法更多地采用物理法、化学法及物理化学法等，与前面的处理技术形成组合处理工艺。一般三级处理指二级处理后，为达到排放标准的目标，而增加的工艺过程，深度处理更多地指以污水的再生回用为目标。

第四节　海洋生态环境保护

海洋占地球表面积的 71%，孕育着地球诸多的生命。丰富的海洋资源和广阔的通道空间对人类生存发展和世界文明进步产生着重大影响。随着海底资源的开发，来自陆地和海上航运产生的污染物，给海洋尤其是近海环境带来严重污染和生态破坏。由于海洋体系的特殊性，在此单独作为一节进行介绍。

一、海洋生态环境

海洋生态环境是指海洋生物生存和发展的基本条件，生态环境的任何改变都有可能导致生态系统和生物资源的变化，海水的有机统一性及其流动交换等物理、化学、生物、地质的有机联系，使海洋的整体性和组成要素之间密切相关。一方面，海洋环境为海洋生物的生存提供了适宜的生存空间，同时又制约其生活、生长、繁殖及分布；另一方面，海洋生物通过多种生存策略适应环境。

中国拥有大陆岸线约18 000多千米，海岛岸线约14 000千米，主张管辖海域面积约300万平方千米，拥有丰富的海洋资源，海洋生产总值呈现增长趋势。我国沿海11个省市区人口约为5.5亿，平均人口密度约为700人/平方千米。我国大陆海岸沿线人口多、人口密度大、人均产值大，未经处理而直接往海里排放的污水及其污染物数量巨大。因此，加强对海洋资源的综合管理、合理开发以及对海洋的环境保护，已成为实施可持续发展战略的重要内容。

根据《海水水质标准（GB 3097－1997）》，海水水质分为四类：第一类为适用于海洋渔业水域、海上自然保护区和珍稀濒危海洋生物保护区；第二类为适用于水产养殖区、海水浴场、人体直接接触海水的海上运动或娱乐区，以及与人类食用直接有关的工业用水区；第三类为适用于一般工业用水区、滨海风景旅游区；第四类为适用于海洋港口水域、海洋开发作业区。显然，第一、二类海水对于人类是安全的，人体可以接触这样的海水，也可以食用这些海水中天然或人工养殖的海产品及其制品；第三、四类海水水质仅有工业用途，人体直接接触有害；劣四类海水水质，类似于劣五类淡水水质，基本丧失水功能，出于任何目的使用都不安全。

二、海洋污染

海洋污染是指人类直接或间接把物质或能量引入海洋环境，其中包括河口港湾，以致造成或可能造成损害生物资源和海洋生物，妨碍包括捕鱼和其他正当用途在内的各种海洋活动，损坏海水使用质量和伤及环境美观等有害影响，最终危害人类健康。海洋污染具有四个特点：污染源广，除了海洋活动外，人类在陆地和其他活动方面所产生的污染物，也将通过江河径流、大气扩散和雨雪等降水形式，最终汇入海洋；持续性强，一旦污染物进入海洋后，难以转移；扩散范围广，全球海洋是相互连通的一个整体；防治难，危害大。

海洋污染按照来源分为陆源污染和海源污染。陆地污染源简称陆源，是指从陆地向海域排放污染物，造成或者可能造成海洋环境污染的场所、设施等。海源污染主要包括船舶污染和海洋石油开发造成的污染以及海水养殖对海洋环境的污染。当前，陆源污染是海洋环境污染最主要的污染源。

大陆岸线上的污染物直接排入海洋是我国近海接纳污染物的第一个来源，第二个来源是以渤海、黄海、东海和南海的入海河流所携带的污水及其污染物。这些外流河流域包括我国七大流域中的长江、黄河、辽河、海河、淮河和珠江六大流域（松花江流域除外），加上东南诸河流域，其流域总面积为437万平方千米，占我国国土面积的45.56%。尽管外流河流域不到我国国土面积的一半，但它们却是我国人口密度最高的地区，承载了我国绝大多数人口，容纳了我国绝大多数国民生产活动，同时也容留并转排了我国绝大多数生产生活所形成的污水及其污染物。

大气污染物可随气团远距离输送至海洋上空，以干沉降和湿沉降的方式进入海洋，对海洋环境和生态系统产生影响。大气沉降向海洋输入大量营养物质（如氮、磷），加剧了近岸水体的富营养化。以对近岸海域富营养化起主要作用的氮营养物质为例，大气沉降的氮主要来自土壤扬尘、工农业生产活动与交通运输等一次污染源和大气化学转化过程的二次污染源，它们在大气中以气态和颗粒态的形式存在。大气沉降也是海洋中重金属和有毒有机污染物的重要来源。此外，海洋上空的大气污染物能够削弱到达海洋表面的太阳辐射，从而影响海洋浮游植物的光合作用效率。大气污染物中的 NO_x、SO_2 等酸性气体沉降入海能够促进海洋酸化。

三、海洋污染物的分类

（一）重金属与酸碱污染

海岸重金属污染是指重金属等污染物质随自然风化及人类活动，通过河流、海洋环流以及大气环流的搬运，使海岸带成为这些污染物质的重要归宿之一。重金属元素除了直接对海洋生物产生作用并通过食物链影响人类健康外，还会由于水动力和生物活动的影响，造成重金属的重新分布和释放，产生二次污染，直接危害海岸环境。自美国于1977 年在纳拉甘西特湾发现高浓度的铜、铅、汞等重金属污染以来，海洋环境，尤其是海湾及河口等近岸海域的重金属污染日益明显，英国、印度、阿根廷等国家都先后在周边海域发现了不同程度的污染现象，甚至南极洲也由于人类活动受到了重金属的污染。随着工农业的发展，通过各种途径进入海洋的某些重金属和非金属以及酸碱污染等的量呈增长趋势，加剧了对海洋的污染。我国自 2000 年开始对许多入海河口地区、海湾进行了重金属污染的报道，如何有效防治海洋环境，尤其是近岸海域的重金属污染已成为世界范围各国必须面对的问题。

（二）有机物与原油污染

海洋有机物污染是指进入河口近海的生活污水、工业废水、农牧业排水和地面径流污水中过量有机物质（碳水化合物、蛋白质、油脂、氨基酸、脂肪酸酯类等）和营养盐（氮、磷等）造成的污染（不包括石油和有机农药），是世界海洋近岸海口普遍存在并最早引人注意的一种污染。与石油、重金属、农药等污染物不同，有机污染物不会在生物体内积累。通常，在海洋中排入适量的有机物和营养盐有利于海洋生物的生长，但过量排入辅以合适的环境条件则造成水体溶解氧的锐减或浮游植物的急剧繁殖。进入河口沿岸的有机污染物在潮流的作用下不断稀释扩散，其中大多数都可以为细菌所利用并分解为二氧化碳和水等。细菌在有机物的代谢过程中，要消耗大量溶解氧。

原油污染包括原油和从原油中分馏出来的溶剂油、汽油、煤油、柴油、润滑油、石蜡、沥青等，以及经过裂化、催化而成的各种产品。目前每年排入海洋的石油污染物约1 000 万吨，包括工业生产带来的污染物及海上油井管道泄漏、油轮事故、船舶排污等；特别是一些突发性的事故，一次泄漏的石油量可达 10 万吨以上，大片海水被油膜覆盖，致使海洋生物大量死亡，严重影响海产品的价值，以及其他海上活动。

（三）农药与放射性核素污染

在农业生产中大量使用含有汞、铜以及有机氯等成分的除草剂、灭虫剂以及工业上应用的多氯酸苯等具有很强的毒性。进入海洋，经海洋生物体的富集作用，通过食物链进入人体，产生的危害就更大，每年因此中毒的人数多达 10 万人以上，人类所患的一些新型疾病与此也有密切关系。

放射性核素是由核武器试验、核工业和核动力设施释放出来的人工放射性物质，主要是锶－90、铯－137等半衰期为30年左右的同位素。据估计，目前进入海洋中的放射性物质总量为2亿～6亿居里，这个量的绝对值是相当大的。由于海洋水体庞大，放射性核素在海水中的分布极不均匀，在较强放射性水域中，海洋生物通过体表吸附或进食该放射性物质使之进入消化系统，并逐渐积累在器官中，再通过食物链作用传递给人类。

（四）赤潮

赤潮被《中国海洋环境质量公报》称为海洋环境灾害，它集污染的原因和后果于一身，使海洋污染大大升级，并使海洋生态环境进一步恶化。

虽然导致赤潮发生的因素很多，但毫无疑问，最重要的因素就是海洋污染。大量含氮有机物的污水排入大海，促使海水富营养化，氮磷比失衡，这是赤潮藻类大量繁殖的重要物质基础。一旦有海藻生物适宜的环境气候条件，赤潮便会大规模爆发。赤潮爆发后，微小的藻类很快会大量死亡，这为水中的微生物提供了充足的养料，它们也因此而大量繁殖并快速消耗水中的溶解氧。由于微生物主要集中在底泥之中，所以首先造成水体底层缺氧。随着情况的发展，缺氧层厚度越来越大，从而把好氧微生物的活动范围越来越限制在水体表层。最后，只有水面薄薄的一层还有藻类生长，水体中其他需氧生物全部死亡。另外，藻类大量生长也限制了阳光的入射深度和氧气补充速度，进一步加剧了上述过程。最终导致水系统崩溃，连藻类自身也由于缺氧而开始大量死亡。

赤潮会造成海水缺氧，导致鱼类及其他海洋生物缺氧死亡，同时，藻体还会释放出大量有害气体和毒素，严重污染海洋环境，也导致海洋生物大量死亡。有些海洋生物可能幸存，但它们携带的毒素可以通过食物链传递，造成人类食物中毒。

（五）固体废物污染

固体废物主要是工业和城市垃圾、船舶废弃物、工程渣土和疏浚物等。据估计，全世界每年产生各类固体废弃物约百亿吨，若1%进入海洋，其量也达亿吨。这些固体废弃物严重损害近岸海域的水生资源，也破坏沿岸景观。目前研究的热点是海洋中塑料垃圾的污染问题。

塑料自20世纪40年代开始大规模生产后，在人们日常生活中占有举足轻重的地位，因为其轻便性，可代替部分金属产品，也被广泛应用于工业、农业和商业等领域。据中国塑料协会统计，2016年我国年产塑料制品达7 717.2万吨。塑料工业的发展在给人类带来方便的同时，却也导致大量的废旧塑料垃圾不断产生。联合国环境规划署（United Nations Environment Program，UNEP）2011年开始关注海洋中的塑料垃圾，尤其对微塑料（microplastics）进行了持续关注，现已成为新的研究焦点。微塑料一般是毫米级别甚至微米级别，如微小塑料颗粒原料、大块塑料垃圾经物理或化学作用形成的塑料碎屑、个人生活用品的添加物（如沐浴液、磨砂洗面奶等产品）等。海洋微塑料污染不仅是威胁海洋生物生态系统进而危及食物链安全及人类健康的严重问题，还涉及跨界跨境污染、产业结构调整和国际治理等问题，值得引起各国的重视。

四、海洋污染的防治措施

海水的盐度较高，Na^{+}、Mg^{2+}、K^{+}和Ca^{2+}等离子的浓度远高于污染海域中的重金属离子浓度，因此对于海洋环境的各种污染治理，传统的物理化学技术如化学沉淀法、离子交换法、物理吸附法等显然难以奏效，当然，在应急管理中依然可以实施。因此，海洋污染的防治措施主要还是在于防。

（1）建立健全海洋法律体系与管理体制。

自1978年以来，我国制定并颁布了《中华人民共和国领海毗连区法》《中华人民共和国海洋环境保护法》《中华人民共和国渔业法》等一系列的海洋法律法规，但随着我国海洋开发利用的发展，必然会出现一些法律法规未曾涉及的问题，如我们上一节提到的微塑料污染。所以我们不能仅仅局限于污染防治，更须放眼海洋生态保护。对海洋工程污染的源头控制、过程监督、事故应对等方面都要做针对性的细化。另外，对海洋环境的保护，尤其是对海洋的管理，需要环保部门、海洋部门、交通运输部门、渔业部门合力，避免重复劳动，便于更好地管理。

（2）防止和控制沿海工业污染物污染海域环境。

沿海工业污染是海洋污染的主要来源，加强工业污染物的来源管理，可以有效提高海洋保护力度。该方面的举措主要有以下几种方式：一是通过调整产业结构和产品结构，转变经济增长方式，发展循环经济；二是加强重点工业污染源的治理，推行全过程清洁生产；三是按照“谁污染，谁负担”的原则，进行专业处理和就地处理，禁止工业污染源中有毒有害物质的排放；四是执行环境影响评价和“三同时”制度；五是实行污染物排放总量控制和排污许可证制度。

（3）防止、减轻和控制沿海城市污染物污染沿岸海域环境。

城市发展造成垃圾产量大幅提高，因此，必须对城市规划和垃圾废弃物的处理进行合理规划。包括调整不合理的城镇规划，加强城镇绿化和城镇沿岸海防林建设，保护滨海湿地，加快沿海城镇污水收集管网和生活污水处理设施的建设，增加城镇污水收集和处理能力，以及提高城镇污水处理设施脱氮和脱磷能力。

（4）防止、减轻和控制船舶污染物污染海域环境。

船舶尾气、生活废弃物也是造成海域污染的重要原因之一。例如，在渤海海域已经启动船舶油类物质污染物“零排放”计划，实施船舶排污设备铅封制度；建立大型港口废水、废油、废渣回收与处理系统，实现交通运输和渔业船只排放的污染物集中回收、岸上处理、达标排放。

（5）防止、减少突发性污染事故发生。

制订海上船舶溢油和有毒化学品泄漏应急计划、港口环境污染事故应急计划，建立应急响应系统。目前，中国船舶重大溢油事故应急计划已经完成，今后将积极协调有关部门和沿海省、自治区、直辖市人民政府制订国家重大海上污染事故应急计划。

（6）防止和控制海上石油平台产生石油类污染物及生活垃圾对海洋环境的污染。

做到油气田及周边区域的环境质量符合该类功能区环境质量控制要求，不对邻近其他海洋功能区产生不利影响，开发过程中无重大溢油事故发生。海洋石油勘探开发应制定溢油应急方案。

（7）强化海洋环保公众意识。

公众意识的培养可能在一定意义上要重于法律制度的建立。可以尝试空气质量播报的模式，对近海各岸段的海水质量、污染物、微生物、微塑料等指标开展定时播报，加强公众的海洋环保意识，进而影响其消费行为，甚至影响企业的投资行为，从而"倒逼"地方政府及相关部门、企业加大海洋环保力度。

海洋生态文明建设是一项复杂的系统工程，需要方方面面的合力，仅仅守住生态红线是不够的。让我们共同努力，管好用好海洋，远离生态红线，向着和谐的海洋生态文明建设目标进发，让海洋资源的可持续性为实现人们对美好生活的向往和中华民族伟大复兴的中国梦助力。

总之，人类已经充分认识到水污染的危害，各国政府出台各种法律法规和规章制度加强水污染的防治，水污染治理技术不断推出，水污染总体得到有效遏制；但是，在欠发达国家和地区，水污染和饮用水安全形势仍然比较严峻，需要国际社会共同关注和给予帮助。

思考题：

（1）什么是水污染？水污染有哪些危害？

（2）简述水的自然循环和社会循环的区别。

（3）什么是水体自净作用？水体自净作用的机理主要包括哪些？

（4）污水污染常用的评价指标有哪些？

（5）简述水污染防治的主要任务及原则。

（6）污水常用的处理方法主要有哪些？举例说明。

（7）海洋污染的防治措施有哪些？

第三章　大气污染与防治

要点导航：

掌握大气污染和大气污染物的概念及分类。

熟悉全球大气污染问题。

了解我国大气污染现状、大气污染的危害及大气污染控制技术。

随着城市工业的发展，大气污染日益严重，大气污染问题也受到人们的广泛关注。大气污染不仅危害人体的健康，对工农业生产和大气气候也均有较大的影响。温室效应、酸雨、臭氧层破坏和雾霾已经成为当前突出的全球性大气污染问题，控制大气污染是当今社会面临的一项重要任务。

第一节　大气污染概述

一、大气污染的概念及分类

空气是人类赖以生存的基本要素之一，空气质量的好坏直接关系到生命健康。自然过程或人为活动正在不断改变干净空气的成分，大气污染就是由于自然过程或人类活动引起某些物质进入大气中，达到足够的浓度、停留足够的时间，并因此对人和环境产生有害影响的现象。

大气污染按照来源分为天然源和人为源两大类：天然源包括火山活动、海啸、沙尘暴、森林火灾、土壤和岩石风化以及大气圈中的空气运动等；人为源主要包括燃煤烟气、企业废气、机动车尾气、建筑扬尘、郊区秸秆焚烧等。大气污染物自天然源或者人为源进入大气（输入），参与大气的循环过程，经过一定的滞留时间后，又通过大气中的化学反应、生物活动和物理沉降从大气中去除（输出）。如果输出的速率小于输入的速率，就会造成污染物在大气中的相对聚集，污染物浓度升高。当浓度升高到一定程度时，就会直接或间接地对生物或建筑材料等造成急性、慢性危害，形成大气污染。一般来说由于环境的自净作用，天然源造成的大气污染经过一段时间后会自动消除，所以说大气污染主要是由人为源造成的。

大气污染的分类方法较多。按照燃料的性质可分为煤炭型大气污染、石油型大气污染、混合型大气污染和特殊型大气污染，按照大气污染的范围可分为局部地区污染、地区性污染、广域污染和全球性污染，根据污染物的化学性质及其存在的大气状况可分为还原型大气污染和氧化型大气污染。

二、大气污染物

大气污染物是指由于人类活动或自然过程排入大气的，并对人和环境产生有害影响的物质，按其存在状态主要分为气溶胶态污染物和气体态污染物两大类。

（1）气溶胶态污染物。

气体介质和悬浮在其中的分散粒子所组成的系统称为气溶胶。按气溶胶产生的来源和存在状态可以分为如下几种。

粉尘：指悬浮于气体介质中的较小固体颗粒，在重力作用下能发生沉降，但在某一段时间内能保持悬浮状态。颗粒尺寸一般在 1～200 μm。粉尘的种类很多，如煤粉、水泥粉尘、黏土粉尘、各种金属粉尘等。

烟尘：指气溶胶中由燃烧、冶金过程形成的细小颗粒物。通常包括三种类型。①烟，指在冶金过程中形成的固体粒子的气溶胶，粒径一般小于 1 μm；②飞灰，指燃料燃烧过程产生的呈悬浮状的分散的细小颗粒，粒径一般小于 10 μm；③黑烟，一般指燃料燃烧产生的能见气溶胶。粒径一般为 0.01～1 μm。

霾：大气中悬浮的大量微小尘粒使空气混浊，能见度降低到 10 km 以下的天气现象，在逆温、静风、相对湿度较大的气象条件下出现。

雾：气体中液滴悬浮体的总称。泛指蒸气凝结、液体雾化和化学反应而形成的液滴，如油雾、水雾、酸雾、碱雾等，颗粒尺寸小于 100 μm。在气象中，雾指造成能见度小于 1 km 的小水滴悬浮体。

在我国的环境空气质量标准中，根据粉尘颗粒尺寸的大小，气溶胶态污染物还可分为总悬浮颗粒物（total suspended particles，TSP）、可吸入颗粒物（particulate matter，PM_{10}）和细颗粒物（particulate matter，$PM_{2.5}$）。

总悬浮颗粒物：环境空气中空气动力学当量直径小于等于 100 μm 的颗粒物。

可吸入颗粒物：环境空气中空气动力学当量直径小于等于 10 μm 的颗粒物。

细颗粒物：环境空气中空气动力学当量直径小于等于 2.5 μm 的颗粒物。

（2）气态污染物。

气态污染物主要包括含硫化合物、含氮化合物、含碳化合物、有机化合物和卤素化合物。又可分为一次污染物和二次污染物，一次污染物是指直接从污染源排放到大气中的原始污染物质，例如二氧化硫（SO_2）、氮氧化物（NO_x）、碳氧化物（CO、CO_2）等；二次污染物是指一次污染物与大气中已有组分或几种一次污染物之间通过一系列化学或光化学反应而生成的与一次污染物性质不同的新污染物质，例如硫酸烟雾和光化学烟雾。二次污染物的危害往往比一次污染物大得多。

含硫化合物：主要包括 SO_2、SO_3 和 H_2S 等。其中 SO_2 数量最大、来源最广，主要来自含硫化石燃料的燃烧、有色金属冶炼、火力发电、石油冶炼、硫酸生产及造纸等。SO_3 一般伴随 SO_2 同时排放，数量较少。H_2S 主要来源于有机物的腐败、造纸厂、炼油厂、炼焦厂、染料厂、农药制造等工业生产。含硫化合物主要是酸雨的前体物质。

含氮化合物：大气中的含氮化合物种类较多，主要包括 N_2O、NO、NO_2、N_2O_3、

N_2O_4、N_2O_5、NH_3、HCN 等。其中污染大气的物质主要是 NO 和 NO_2，主要来源于化石燃料的燃烧以及交通车辆的尾气，特别是以汽油、柴油为燃料的机动车辆，除此之外还有硝酸生产、氮肥厂、硝化过程、炸药生产及金属表面处理等过程。N_2O 作为温室气体，单个分子的温室效应为 CO_2的 200 倍，并参与破坏臭氧层。

碳氧化合物：主要包含 CO 和 CO_2，是大气污染物中排放量最大的一类污染物，主要来自燃料燃烧和机动车排气。CO_2是主要温室气体之一，CO 具有毒性，当浓度达到一定水平，危害人的身体健康。

碳氢化合物：通常是指可挥发的各种有机烃类化合物，例如烷烃、烯烃和芳香烃等。碳氢化合物的天然来源为植物的分解；人工来源主要是石油燃料的不完全燃烧和石油类物质的蒸发，其中汽车尾气排放量较大。

卤素化合物：主要是含氟化合物和含氯化合物，例如 HF、HCl 和 SiF_4等。主要来自钢铁工业、石油化工、化肥工业和农药制造等工业企业；虽然数量不大，但对植物生长和臭氧层孔洞均有一定影响。

硫酸烟雾：大气中的 SO_2等含硫化合物，在有水雾、颗粒气溶胶或氮氧化物存在时，发生一系列化学或光化学反应而形成的硫酸雾或硫酸盐气溶胶。SO_2在干洁的大气中比较稳定，在污染的大气中，子颗粒气溶胶表面能够迅速氧化，形成硫酸烟雾，可在大气中滞留或远距离输送。

光化学烟雾：在阳光照射下，大气中的氮氧化物、碳氢化合物和氧化剂之间发生一系列光化学反应而生成的淡蓝色烟雾；主要成分是臭氧、过氧乙酰硝酸酯、酮类和醛类等。美国、日本、加拿大、法国等国的大城市和我国兰州都曾发生过不同程度的光化学烟雾。

三、大气污染的危害

大气污染物的种类繁多，其物理和化学性质也非常复杂，毒性也各不相同。因此，大气污染物对人体和环境的危害和影响是多方面的，程度也有所不同。

（一）对人体健康的影响

大气污染物主要通过表面接触、食入含污染物的食物和水、吸入被污染的空气等三种途径侵入人体，可导致呼吸、心血管、神经等系统的疾病或其他疾病。颗粒物中直径大于 5 μm 的颗粒大部分被上呼吸道所吸收，而直径 0.1 ～1.0 μm 较小的颗粒则可直接到达肺部而沉积在肺中，并可进入血液，导致呼吸道疾病，严重的会直接导致人类的死亡。CO 与血红蛋白结合生成的碳氧血红蛋白会降低血液的载氧能力，导致血液输氧能力下降，少量输入会感到眩晕、恶心、无力，大量输入会导致死亡。NO 和 NO_2毒性均较大，能刺激呼吸系统，还能与血色素结合形成亚硝基白色素而引起中毒。光化学氧化剂（过氧乙酰硝酸酯和过氧苯酰硝酸酯）会严重刺激眼睛，当它和臭氧（O_3）混合在一起时，还会刺激鼻腔、喉，引起胸腔收缩，在浓度高达 3.90 mg/m^3时，就引起剧烈的咳嗽，使注意力不集中。大气中的有害有机物，可检出 30 多种多环芳香烃类物质，其中苯并（a）芘（BaP）致癌性很强，无机化合物如镉、铍、锑、铅等对机体的危害是潜在的，容易造成慢性中毒。

（二）对植物的伤害

大气污染物浓度超过植物的耐受限度，会使细胞和组织器官受损、生理功能受阻、产量下降、产品变坏，最终导致植物个体死亡。大气污染对植物的影响可分为群落、个体、器官组织、细胞和细胞器、酶系统等五个方面。最常见的毒害植物的气体是SO_2、O_3、过氧乙酰硝酸酯、氟化氢、乙烯、氯化氢、氯、硫化氢和氨。当大气中SO_2浓度过高时，首先是叶肉的海绵状软组织部分遭到破坏，其次是栅栏细胞部分。莴苣、菠菜和其他叶状蔬菜对SO_2最为敏感。过氧乙酰硝酸酯会侵害叶子气孔周围空间的海绵状薄壁细胞，使叶子的下部变成银白色或古铜色。氟化物对植物来说是一种累积性毒物，即使暴露在极低浓度中，最终也会累积到足以损害叶子组织的程度，叶片由深棕色变成棕褐色。

（三）对动物的危害

动物通常是由于食用或饮用积累了大气污染物的植物和水而受到不同程度的危害，甚至因吸入被有害物质严重污染了的空气而中毒死亡。例如，含氟烟气会污染植物和水源，引发牛、羊、马等牲畜的骨骼变形、骨折等；酸雨会使水体 pH 降低，引起鱼类死亡。

（四）对器物和材料的损害

大气污染是城市地区经济损失的一大原因。这种损害表现为腐蚀金属和建筑材料，损坏橡胶制品和艺术造型，使有色材料褪色等。大气污染物对材料损害的机制主要包括磨损、直接的化学冲击（比如酸雾对材料的腐蚀）、电化学侵蚀等。大气中的SO_2、NO_x及其产生的酸雾、酸滴等，能使金属表面产生严重的腐蚀。臭氧会使橡胶绝缘性能的寿命缩短，使橡胶制品迅速老化脆裂。吸湿性的颗粒物也会腐蚀金属表面。

（五）对全球气候的影响

大气污染对能见度的长期影响相对较小。但是如果大气污染对气候产生大规模影响，则其结果肯定是极为严重的，已被证实的具有全球性影响的有CO_2、CH_4（甲烷）、N_2O等气体引起的温室效应以及SO_2、NO_x排放产生的酸雨等。大量的污染物排放到大气中，干扰着人类赖以生存的太阳和地球之间的热平衡。据推测，地球的能量平衡稍有干扰，全球平均温度可能改变 2 ℃：若低 2 ℃，可能变成另一个冰河时期；若升高 2 ℃，可能变成无冰时代，将会给全球带来灾难。

（六）危害农业

大气污染在一般浓度时对于农业生产的危害较小，所以常被人们忽视，大气污染对农业生产的危害主要体现在植物的生长上。主要分三种类型：①急性危害，在污染物高浓度时，农作物在短时间内受到危害，叶面枯萎脱落，直至死亡，造成农作物减产；②慢性危害，在污染物低浓度时，因长时间作用所造成的危害，使农作物叶绿素褪色，影响生长发育；③不可见危害，指污染物对农作物造成生理上的障碍，抑制生长发育，造成产量下降。

四、我国大气污染现状

随着经济快速发展，我国工业化、城镇化进程加快，大气污染成为难以避免的严重问题。近年来，中国大气污染物排放总量呈逐年降低态势，部分污染较严重的城市空气质量有所好转，环境质量劣三级城市比例下降，但空气质量达到二级标准城市的比例也在减少，污染仍然很严重。

中国大气污染的主要来源是生活和生产用煤，主要污染物是颗粒物和 SO_2。颗粒物是影响中国城市空气质量的主要污染物，SO_2污染也保持在较高水平。我国钢铁、水泥产量分别约占全球份额的 50% 和 60%，并大量集中在大气污染严重、人口稠密的东部地区，这些产业排放的污染物是大气污染的重要负荷来源。尽管 2018 年煤占一次能源消费比例首次低于 60%，但以煤为主的能源结构短时期内无法得到根本扭转。同时，随着机动车数辆迅猛增加，中国部分城市的大气污染特征正在由烟煤型向汽车尾气型转变，NO_x、CO 的排量呈加重趋势，有些城市已出现光化学烟雾现象，全国形成华中、西南、华东、华南多个酸雨区，多地出现雾霾、沙尘暴天气。许多大城市大气污染已由煤烟型向煤烟、交通、氧化型等共存复合型污染转变，这些复合型的大气污染对人们的身体健康和生态环境产生的威胁更加严重。

第二节　全球性大气污染问题

大气污染日趋严重，不仅造成局部地区污染，还影响到全球性气候变化以及大气成分组成，即出现所谓的全球环境问题。当前突出的全球性大气污染问题主要包括温室效应、酸雨、臭氧层破坏和雾霾。

一、温室效应

大气中的 CO_2和其他微量气体如 CH_4、N_2O、O_3、氟氯烃、水蒸气等，可以使太阳短波辐射几乎无衰减地通过，但却可以吸收地表的长波辐射，由此引起全球气温升高的现象称为温室效应。CO_2 和上述微量气体被称为温室气体。温室效应主要是由矿物燃料的燃烧、森林的毁坏等造成的。温室效应主要会导致全球气候变暖，继而引发海平面上升、土地沙漠化、农业减产等问题。

二、酸雨

在清洁的空气中，CO_2饱和的雨水 pH 为 5.6，故将 pH 小于 5.6 的雨、雪或其他形式的大气降水（如雾、露、霜）称为酸雨。酸雨主要是化石燃料燃烧和汽车尾气排放的 SO_x和 NO_x，在大气中形成硫酸、硝酸及其盐类，又以雨、雪、雾等形式返回地面，形成的“酸沉降”。酸雨会破坏水生生态系统和陆生生态系统、腐蚀物体表面，而且在世界上分布较为广泛，我国已经成为欧洲和北美之后的第三个大酸雨区。

三、臭氧层破坏

大气中的 O_3含量仅占 10^{-8}，主要集中在离地面 20～25 km 的平流层中，这一层被称为臭氧层。臭氧层可以吸收太阳的紫外线，从而保护地球上各种生命的生存、繁衍和发展。人们在工业生产过程中产生的氟氯烃、NO_x等物质，是导致臭氧层破坏的主要原因。臭氧层被破坏后，会减弱对紫外线的屏蔽，导致皮肤癌、角膜炎、麻疹等疾病患病率的增加，同时紫外线辐射对水生生物也有很大影响，从而影响海洋生物链、生态平衡和水体的自净能力。此外，臭氧层的不断减少也会使地球变暖，从而影响地球经济。目前各国已采取保护臭氧层的措施，臭氧量呈逐渐上升状态。

四、雾霾

雾霾是雾和霾的组合词，常见于城市。雾霾是特定气候条件与人类活动相互作用的结果。高密度人口的经济及社会活动会排放大量细颗粒物（主要是$PM_{2.5}$），一旦排放超过大气自净能力，细颗粒物浓度将持续积聚，在不利于污染物扩散的静稳天气影响下，极易出现大范围的雾霾。

雾霾的产生从表面上看是不利于污染物扩散的气候条件导致的，但深层次的原因是快速工业化、城镇化过程中所积累的环境问题，高能耗、高排放、重污染、产能过剩、布局不合理和以煤为主的能源结构持续强化，城市机动车保有量的快速增长，建筑行业排放的扬尘，产生的大气污染物的排放总量远远超过了环境容量，造成一些大中城市雾霾不断发生。雾霾可以引起人体呼吸系统、心血管系统、生殖系统等多系统病变，增加相关疾病的发病率和死亡率。另外，雾霾天气对公路、铁路、航空、航运、供电系统都会产生重要影响。

第三节　大气污染控制技术

一、大气污染的主要控制技术

为了满足日益严格的环境空气质量标准，改善城市空气质量，我们必须采取控制技术，实现环境、经济和社会的可持续发展。

（一）烟尘污染控制

烟尘污染对大气能见度以及人体健康都有很大的影响和危害，当前对烟尘污染的控制方法主要有改变燃料构成和燃烧方式、集中供暖和采用各种消烟除尘方式等。前两种方式通过使用无污染或少污染的燃料（天然气、煤气、石油炼厂气或其他日光、沼气、风、潮汐等能源）代替煤炭，或者对现有炉窑实行技术改革，从源头上减少污染物的排放。消烟除尘方式则是对大气中含有的颗粒污染物进行清除。从气体中去除或捕集固态或液态微粒的设备称为除尘装置或除尘器，目前常用的除尘设备有机械除尘器、电除尘器、袋式除尘器和湿式除尘器等，其中应用最广泛的是电除尘器、袋式除尘器和电袋复合除尘器。除尘器性能各异，使用时应根据实际需要加以选择或配合使用，主要考虑因素为烟尘的浓度、粒径、腐蚀性以及排放标准和经济成本等。

（1）机械除尘器。

机械除尘器通常指利用质量力（重力、惯性力和离心力）的作用使颗粒物与气体分离的装置，常用的有重力沉降室、惯性除尘器、旋风除尘器。

（2）电除尘器。

电除尘器是利用高压电场对荷电粉尘的吸附作用，把粉尘从含尘气体中分离出来的一种除尘设备，在高压电场内，使悬浮于含尘气体中的粉尘受到气体电离的作用而荷电；荷电粉尘在电场力的作用下，向相反的电极运动；粉尘通过振打或冲刷，同时受重力作用，落入灰斗。电除尘器压力损失小，处理烟气量大，能耗低，对细粉尘有较高的捕集效率，可在高温或强腐蚀气体下操作。

（3）袋式除尘器。

袋式除尘器是一种干式滤尘装置。含尘气流从下部进入圆筒形滤袋，在通过滤料的孔隙时，粉尘被捕集于滤料上，沉积在滤料上的粉尘可在机械振动的作用下从滤料表面脱落，落入灰斗中，粉尘因截留、惯性碰撞、静电和扩散等作用，在滤袋表面形成粉尘层，常称为粉层初层，袋式除尘器主要由粉尘初层起作用。袋式除尘器一般用于去除微细的干燥粉尘，在工业尾气除尘方面应用较广。

（4）电袋除尘器。

电袋除尘器有机结合了电除尘和袋式除尘的收尘优点，先由电区捕集烟气中的绝大部分粉尘，再由袋区收集剩余少量并经过荷电的粉尘，从而达到高效、稳定、低阻节能、滤袋长寿命的一种新型除尘器。电袋除尘器已广泛应用于燃煤电厂、水泥厂等工业部门的烟气除尘。

（5）湿式除尘器。

湿式除尘器是利用洗涤液来捕集粉尘，通过液滴、液膜或鼓泡等方式使用液体来洗涤含尘气体，使气体净化，其湿法除尘的机理包括惯性碰撞、扩散效应、黏附作用和凝聚等。常用的湿式除尘器有喷雾塔涤器、旋风洗涤器、文丘里洗涤器。湿式除尘器去除效率高，能够处理高温、高湿气流，高比电阻粉尘及易燃易爆的含尘气体；在去除粉尘粒子的同时，还可去除气体中的水蒸气及某些气态污染物。湿式除尘器既起除尘作用，又起到冷却、净化的作用。

（二）SO_2污染控制

SO_2是主要的大气污染物之一，其污染控制方法主要有燃料脱硫、燃烧过程或末端烟气脱硫三种。对于没有烟气脱硫能力的中小工厂，通常采用燃料脱硫，大型工业企业一般采取烟气脱硫的方法。烟气脱硫可分为湿法和干法两种，湿法烟气脱硫是把烟气中的 SO_2和 SO_3转化为液体或固体化合物，从而把它们从烟气中分离出来，主要包括石灰石/石灰法、双碱法、氨法等。干法脱硫是指采用固体粉末或非水液体作为吸收剂或催化剂进行烟气脱硫，主要分为吸附法、吸收法和催化氧化法，其中具有代表性的是喷雾干燥法。

（1）石灰石/石灰法。

用含有亚硫酸钙和硫酸钙的石灰石/石灰浆液洗涤烟气，SO_2与浆液中的碱性物质发生化学反应生成亚硫酸盐和硫酸盐，新鲜浆液中石灰石/石灰浆液不断加入脱硫液的循环回路，浆液中的固体（包括燃煤飞灰）连续地从浆液中分离出来并排往沉淀池，该工艺吸收剂价格较低，工艺成熟。

（2）双碱法。

利用碱或碱金属盐类（如氢氧化钠、碳酸钠和碳酸氢钠）等的水溶液来吸收烟气中的 SO_2，利用石灰反应器中的石灰使脱硫后的水溶液再生，再生后的吸收液可以循环利用。

（3）氨法。

采用氨水作为吸收剂吸收烟气中的 SO_2，由于是气－液或气－气相反应，反应速率快、吸收剂利用率高、吸收设备体积小，可回收硫酸铵脱硫副产品。

（4）氧化镁法。

烟气经预除尘和除氯后，利用氧化镁浆液或水溶液作为吸收剂吸收烟气中的 SO_2。吸收了 SO_2 的亚硫酸盐和亚硫酸氢盐在一定温度下分解产生富 SO_2 气体，可用于制造硫酸，而分解形成的氧化镁得到再生，可循环使用。

（5）喷雾干燥法。

烟气与被喷成雾状的石灰浆液在干燥吸收塔内进行反应的脱硫工艺，该法属干法脱硫工艺。因添加的吸收剂呈湿态，而脱硫产物呈干态，喷雾干燥法也被称为半干法。喷雾干燥法适用于处理低、中硫煤的烟气。

（三）NO_x 污染控制

NO_x 的控制主要从源头控制和末端控制两方面入手，源头控制是指通过各种技术手段（如降低燃烧温度），控制燃烧过程中 NO_x 的生成反应，主要为低氮燃烧技术；末端控制是指把已经生成的 NO_x 通过某种手段还原为 N_2，从而降低 NO_x 的排放量，包括选择性催化还原法（selective catalytic reduction，SCR）、选择性非催化还原法（selective non-catalytic reduction，SNCR）、吸收法和吸附法。目前以工业企业 NO_x 的污染控制以高性能的低氮燃烧技术和 SCR 为主。

（1）SCR。

SCR 是目前最成熟的烟气脱硝技术，以氨作还原剂，通常在催化反应器的上游注入含 NO_x 的烟气。烟气温度约 290～400℃，在含有催化剂的反应器内 NO_x 被还原为 N_2 和水，催化剂的活性材料通常由贵金属、碱性金属氧化物和沸石等组成。SCR 脱硝效率较高，但是可能存在催化剂失活和烟气中残留氨问题。

（2）SNCR。

在选择性非催化还原法脱硝工艺中，尿素或氨基化合物注入烟气作为还原剂将 NO_x 还原为 N_2。因为需要较高的反应温度（930～1 090 ℃），还原剂通常注进炉膛或者紧靠炉膛出口的烟道。SNCR 对较大的锅炉脱硝效率较低，但工艺简单，易于安装。

（3）吸收法。

吸收法按吸收剂的不同可分为碱液吸收法、硫酸吸收法、氢氧化镁吸收法等，可以用水、氢氧化物和碳酸盐溶液、硫酸、有机溶液等吸收 NO_x。碱液吸收法除了吸收 NO_x，还可以同时吸收 SO_2。

（4）吸附法。

吸附法可彻底消除 NO_x 的污染，同时回收 NO_x。常用吸附剂包括活性炭、分子筛、硅胶、含氨泥煤等，其中分子筛处理硝酸尾气的去除效率高达95%，但设备大、投资较高；泥煤经济易得，且去除效率较高。

（四）挥发性有机物污染控制

挥发性有机物（volatile organic compounds，VOCs）可以通过油墨涂料、家具、印刷、橡胶制品等进入办公、家居等空间，给人体健康带来危害，不同的国家和地区有着不同的挥发性有机物排放控制标准和防控措施。当前，主要根据有机物的性质消除挥发性有机物。挥发性有机物的末端治理方法主要有燃烧法、冷凝法、吸收（洗涤）法、吸附法、生物法。一般优先选用回收技术，可通过冷凝、吸附再生方法处理，进行回收利用；难以回收的，可采用燃烧、吸附浓缩和燃烧结合等技术进行销毁。

（1）燃烧法。

用燃烧的方法将有害气体、蒸汽、液体或烟尘转化为无害物质的过程；其化学反应主要是在燃烧氧化作用和高温下的热分解；其适用于可燃或高温分解的物质，不能回收有用物质，但可回收热量。

（2）吸收（洗涤）法。

采用低挥发或不挥发性溶剂对 VOCs 进行吸收，再利用 VOCs 分子和吸收剂物理性质的差异进行分离。吸收效果主要取决于吸收剂的吸收性能和吸收设备的结构特征。该工艺适用于 VOCs 浓度较高、温度较低和压力较高的场合。

（3）冷凝法。

利用物质在不同温度下具有不同饱和蒸气压这一性质，采用降低温度、提高系统压力或者既降低温度又提高压力的方法，使处于蒸气状态的污染物冷凝并与废气分离。冷凝法适用于处理废气体积分数在 10^{-2} 以上的有机蒸气。冷凝法常作为其他方法的前处理，多应用于焦化厂、炼油厂。

（4）吸附法。

含 VOCs 的气态混合物与多孔性固体接触时，利用固体表面存在的未平衡的分子引力或化学键作用力，把混合气体中 VOCs 组分吸附在固体表面。吸附法主要应用于石油化工、有机化工的生产部门。

（5）生物法。

生物法是利用微生物将废气中的有机成分作为碳源和能源，维持其生命活动，并将有机物分解为 CO_2 和 H_2O 的过程，常用的生物法处理工艺系统包括生物洗涤塔、生物滴滤塔和生物过滤塔。

不同的大气污染物性质不同，在处理时应根据有机物的特点选择合适的处理方法。因此，大气污染控制技术应关注实用性和效率可靠性，并根据行业特点选择经济有效的处理技术。

二、大气污染综合防治措施

大气污染防治必须从协调地区经济发展和保护环境之间的关系出发，近几年来，为整治大气污染的突出问题，确保环境空气质量，我国采取了一系列的防治大气污染的政策和措施，大气环境保护工作取得了一定进展。

（1）调整能源结构，推广使用清洁能源。

受经济发展水平影响，目前我国一些城市工业窑炉分布较广、污染物排放量大、烟囱高度低、污染物不易扩散，对污染物浓度贡献大，因而要满足消减要求，最根本的方法就是调整能源结构，进行清洁能源的替代，逐步减少原煤在能源结构中的比例。对重点工业区和重点企业的燃煤锅炉推广使用型煤、清洁煤或低硫低灰分煤种，有条件的实施使用清洁能源的改造，扩大清洁能源如太阳能、地热能、液化气、城市煤气、电能、天然气在能源消耗中的比例，降低传统化石能源产生的污染气体的排放。

（2）加强污染治理，降低污染物排放。

要想从根本上解决城市大气污染问题，就必须彻底改变以牺牲环境为代价发展经济的发展模式，控制住大气污染物的新增量。

第一，加强重污染企业的治理力度，确保工业企业稳定达标排放，逐步降低工业污染物对城市大气环境的影响。对于电力和冶金等重污染行业加强管理，对因污染防治设施老化或能力不足等不能稳定达标的企业进行限期治理，对超标排放、污染严重的企业停产治理，对重点大气污染源实行自动在线监测。

第二，加强城市交通的总体规划和市政建设与管理，建立合理的交通模式，保证道路畅通，尽量减少机动车在行驶中的减速、怠速和加速，从而降低油耗和排污。提高油品质量，加大新生产汽车的尾气控制措施，严格执行尾气排放标准，开展对超标汽车的治理和监控工作，对超期服役车施行强制报废制度。

第三，加强工地施工及道路扬尘污染治理。建筑工地全面实施封闭施工，对易起尘造成污染的建材和渣土实施封闭运输和封闭堆放；市政施工工地实施全程围栏施工和渣土的封闭清运；工地路面及通道，特别是与周边环境相接的区域，实施洒水抑尘，严格控制二次扬尘对城市环境空气的影响。对运送石灰、水泥、煤炭等散装货物的运输车辆采取封闭运输措施，防止道路遗撒和扬尘。改进城市道路清扫工作，逐步实现主要道路机械化清扫。

（3）加快城市基础设施建设，扩大集中供热面积。

中国建筑的能耗占全国总能耗的比重较大，尤其是北方地区冬季采暖季节耗煤量大量增加，增大烟尘排放量。采取区域供暖、集中供热、工业余热等多种技术措施，可以减少污染物的产生。集中供暖可以提高锅炉设备效率，降低燃料消耗量，也可以减少燃料的运输量；充分利用热能，提高热利用率；集中供热的大锅炉适于采用高效率的除尘器，从而大大减少粉尘的污染。

（4）做好城市绿化工作，利用天然防护屏障。

植树造林也是防治大气污染的措施之一。据资料显示，1 hm^2 的树木每天能够消耗约 1 t 的 CO_2，释放出 0.75 t 的 O_2。植树造林不仅可以对空气进行净化，还有调节空气成分的作用，此外还可以缓解热岛效应。合理规划城市空间，在与工业区临近的市区周围和城市交通主干道应加大植物的种植量。绿色植物的作用是防止污染物扩散和阻挡污染物流动，同时还可以一定程度上吸收空气中的有毒有害物质，降低有害物质对人体和环境的危害。

思考题：

（1）简述大气污染的主要来源及大气中的主要污染物。

（2）简述大气污染的危害。

（3）简述全球性的大气污染问题。

（4）大气污染的主要控制技术有哪些？

（5）论述你家乡的大气污染现状及防治措施。

第四章　土壤环境污染与防治

要点导航：

掌握土壤污染物的主要来源和土壤污染物的类型。

熟悉土壤污染的常用修复技术和方法。

了解土壤污染的基本概念、目前我国土壤污染的现状。

土壤是人类生存最重要的自然资源之一，是人类生存的基础。随着世界经济发展格局的调整和人类生活方式的改变，环境污染及由此导致的土壤环境问题日趋严重。诸多污染物伴随着矿产资源不合理的开发、长期的污水灌溉、化学农药的滥用等相继进入土壤环境，土壤环境中的污染物通过水环境、大气环境和土壤环境之间的物质和能量循环直接或间接地进入食物链，最终影响人类健康。本章节主要介绍土壤污染的基本概念、现阶段我国土壤环境污染现状、土壤污染物来源与类型和土壤污染修复等相关研究的进展，通过本章的学习，让读者对土壤污染及其防治有更直观的了解和认识。

第一节　土壤环境污染概述

一、土壤污染总体概况

2014 年发布的《全国土壤污染状况调查公报》表明，全国土壤环境状况总体不容乐观，部分地区土壤污染较重，耕地土壤环境质量堪忧，工矿业废弃地土壤环境问题突出。工矿业、农业等人为活动以及土壤环境背景值高是造成土壤污染或超标的主要原因，全国土壤总的超标率为 16.1%，其中轻微、轻度、中度和重度污染点位比例分别为 11.2%、2.3%、1.5%和 1.1%。污染类型以无机型为主，有机型次之，复合型污染比重较小，无机污染物超标点位数占全部超标点位的 82.8%。从污染分布情况看，南方土壤污染重于北方；长江三角洲、珠江三角洲、东北老工业基地等部分区域土壤污染问题较为突出；西南、中南地区土壤重金属超标范围较大；镉、汞、砷、铅四种无机污染物含量分布从西北到东南、从东北到西南方向呈逐渐升高的态势。

二、不同土地利用类型土壤的环境质量状况

2014 年《全国土壤污染状况调查公报》表明，我国的耕地、林地、草地和未利用地等地块土壤环境污染也不容乐观，其点位超标率最低为林地（10%），最高为与人们

生活饮食密切相关的耕地（19.4%以上），都存在重度污染的情况。受污染土地所含有的主要污染物为重金属和有机污染物，其中重金属镉污染范围较广。重污染企业、工业废弃地、工业园区、固废集中处理场地、采油区、采矿区、污水灌溉区和干线公路两侧等八大类典型地块土壤环境污染状况更加严重，重污染企业点位超标率达 36.3%，超标率最少的干线公路两侧点位也达到了 20.3%。以上数据都表明我国土壤污染严重，需要引起重视、采取有效的措施进行治理。

第二节　土壤污染分类及危害

土壤污染是指土壤生态系统由于外来物质、生物或者能量的输入，使其有利的物理、化学及生物特性遭受破坏而降低或失去正常功能的现象。《中华人民共和国土壤污染防治法》中定义的土壤污染是指因人为因素导致某种物质进入陆地表层土壤，引起土壤化学、物理、生物等方面特性的改变，影响土壤功能和有效利用，危害公众健康或者破坏生态环境的现象。自然界中的土壤生态环境是一个动态变化的过程。土壤环境中持续进行着各种物质的输入、分解、积累、输出，在正常情况下，污染物的输入、分解、积累和输出处于一个动态的平衡，土壤环境不会发生污染。但是当人类活动产生的污染物质，通过物质循环进入土壤，其浓度和数量超过了土壤环境自净作用，就会打破土壤环境的自然动态平衡，使污染物在土壤中的输入积累占据优势，最终导致土壤环境正常功能的丧失，土壤环境质量下降，土壤生态发生明显改变，并通过食物链最终影响到人类的健康，这种现象属于土壤环境污染。所以土壤污染包括三个要素：一是有可识别的人为污染物进入土壤中，二是可鉴别的污染物数量增加，三是有直接的或者潜在的危害后果，三者缺一不可。

一、土壤污染的主要来源及类型

（一）土壤污染物的主要来源

土壤污染的来源总体可分为自然源和人为源。其中，造成土壤污染的主要原因是工矿业、农业生产等人类活动。调查结果表明，工矿企业排放的污染物是造成局域性土壤污染严重的主要原因，而较大范围的耕地土壤污染则主要是农业生产活动所致。工矿活动与自然背景叠加造成了一些区域与流域土壤重金属严重超标。人为源根据其来源可以分为三类，分别为工业污染源、农业污染源和生活污染源。

1．工业污染源

（1）工业废水污染。

改革开放以来，我国工业得到快速发展，由此产生的工业废水、工业废气以及工业固体废弃物大量进入环境中，从而导致很多地区出现水环境污染、大气污染及土壤污染。其中，金属矿物开采及冶炼导致大量含重金属的废水和废渣进入土壤环境中，对企业周边土壤造成严重的重金属污染。此外，重污染企业如皮革制造、造纸、化工医药、矿物制品等的污水中含有大量的汞、镉、铬、铅、砷、挥发酚、氰化物、石油类、氨氮等污染物，通过污水灌溉进入土壤。

（2）工业废气污染。

有色、黑色金属冶炼是造成采矿区和矿产资源型城市土壤重金属污染的主要原因；金属冶炼过程中含有重金属的粉尘沉降是造成其周边土壤重金属污染的另一个重要原因；此外，工业企业燃煤排放产生大量的汞、铅、多环芳烃等污染物，通过大气沉降进入土壤并积累，造成大范围或区域性的土壤污染。相关研究表明，我国年均燃煤释放的汞超过 220 吨，占汞排放总量的 38%，仅次于金属冶炼排放。

（3）工业固体废弃物污染。

自 20 世纪 90 年代以来，伴随着产业结构和土地利用规划的调整，大批工业企业搬迁或关闭，部分工业废弃地环境风险较高，成为新的污染源，对周边土壤环境质量构成威胁。在矿产资源开发利用过程中，堆放于地表的废石、尾砂、废渣和粉煤灰通过风化和淋滤等作用，其中的重金属被活化并以各种形式逸散到周围环境中，并最终进入土壤导致环境污染。废旧电器和报废汽车含有铅、汞、镉和铬等重金属，以及多溴联苯、多溴联苯醚和石油烃等有机污染物，处理不当均会对土壤环境造成污染。

2．农业污染源

（1）农药、化肥、农膜等大量使用。

我国是农业大国，也是农药化肥使用最多的国家之一，但研究表明，约 70% 的农药化肥在使用过程中进入到环境中。这些未被作物利用的农药化肥对土壤环境质量产生严重的影响。DDT 和六六六等有机氯农药于 20 世纪 80 年代被全面禁用，但由于其具有较高的稳定性和持久性，在土壤环境中降解缓慢，目前土壤中还能够被普遍检出，有些地区土壤中还存在较高的残留。此外，农药的喷洒还会导致土壤受汞、砷、铜、锌等的污染。目前，中、美、日及欧洲等大部分国家已经禁止使用含砷、汞、铅的农药，但各国仍在使用含铜、锌的杀菌剂，而且我国使用量居多。磷肥中含有一定量的重金属，长期施用会导致局部农田土壤镉污染。农用塑料薄膜的大量使用会导致土壤中酞酸酯污染，全国农膜年使用总量为 176 万吨，废弃的农用塑料薄膜中的酞酸酯进入土壤，导致大面积的酞酸酯污染。

（2）秸秆燃烧排放。

秸秆露天焚烧除释放大量的二氧化碳外，还会导致二氧化硫、二氧化氮、可吸入颗粒物等三项污染指数明显升高。此外，有研究表明秸秆燃烧也是挥发性有机物（volatile organic compounds，VOCs）的重要排放源。这些气态污染物通过干、湿沉降进入到土壤中，成为土壤中多环芳烃等污染的来源之一。

（3）畜禽养殖。

畜禽养殖也是造成土壤重金属污染的一个重要因素。畜禽养殖过程中使用的各种药剂和饲料添加剂含有大量铜、锌、镉、砷等重金属物质，一些规模化养殖场为实现污染零排放，将养殖废水和粪便未处理或处理不完全即用于灌溉，施用于养殖场周边的耕地土壤中，致使土壤砷、镉、铜、锌等重金属超标严重。此外，一般畜禽粪便中都含有大量病原菌（如沙门氏菌属、埃希氏菌属、呼吸道及肠道病毒等）、寄生虫和杂草种子，畜禽粪便未经处理或者处理不完全还田，会造成病原微生物污染。

3. 生活污染源

(1) 生活垃圾污染。

随着经济的发展、生活水平的提高，人类生活的各种物质日渐丰富，导致各类生活垃圾也越来越多。目前，由于条件的限制，很多地方的生活垃圾未经无害化处理，直接进入自然环境。在日晒、雨淋、风化、破碎、光降解、生物降解等自然环境的物理、化学及生物作用下，生活垃圾中的有害物质随雨水进入土壤中，并向周围土壤扩散。废弃物随意堆放和填埋，不但占用土地，还会破坏土壤原有的腐解能力，改变土壤的性质和结构，造成该区域土壤污染，有些污染物还会由于渗漏作用进入地下水，可能造成地下水的严重污染。

(2) 汽车尾气污染。

近年来，我国的机动车保有量逐年增加，在方便人们出行的同时，机动车排放的汽车尾气对环境的污染日趋严重。汽车尾气中的主要污染物为一氧化碳（CO）、碳氢化合物（HC）、氮氧化合物（NO_x）、二氧化硫（SO_2）、含铅化合物、苯并（a）芘（BaP）及固体颗粒物等。这些污染物在大气中进行一系列物理化学反应，最终通过干、湿沉降进入土壤和水环境中，从而改变土壤本身酸碱性，造成土壤污染。

(3) 生活废水污染。

生活废水除含有丰富的氮、磷、钾等营养元素，也含有一些重金属元素，例如铜、锌、铅和镉等。生活废水未经处理或者处理不完全就排入附近土壤环境，目前在一些城镇和农村地区较为常见。生活废水进入土壤环境中，一方面可以提高土壤中氮、磷、钾等营养元素，另一方面也会污染土壤，造成土壤中重金属含量超标。有研究表明：将城市周边生活废水排放到附近绿地，会导致该地土壤中重金属铅含量由 52.87 mg/kg 提高到 129.53 mg/kg、镉含量由 0.75 mg/kg 提高到 2.57 mg/kg 左右，致使该地土壤铅含量达到国家二级标准，镉含量超过国家三级标准，造成严重的土壤环境污染。

（二）土壤污染物的类型

土壤环境污染物是指进入土壤环境后，影响土壤环境正常功能，降低作物产量和品质，最终对人类健康产生危害的物质。根据污染物的性质，土壤环境污染物分为四大类：无机污染物、有机污染物、生物污染物和放射性污染物。

(1) 无机污染物。

土壤环境中的无机污染物包括重金属以及有害的氧化物、酸、碱、盐、氟等，其中重金属污染物主要有汞、铅、铬、砷、镉等，被称为重金属污染中的"五毒"，也是土壤重金属污染治理中重点关注的对象。重金属由于难以分解、易在土壤中积累而易被植物吸收，并通过食物链进入人体，危害人体健康，因此土壤重金属污染对土壤环境的影响和人类生产生活危害最大。氯化物（Cl^-）、硝酸盐（NO_3^-）、硫酸盐（SO_4^{2-}）、可溶性碳酸盐（CO_3^{2-}）等是常见且大量存在的无机污染物。这些物质大量进入土壤会改变土壤结构，并最终造成土壤板结及土壤盐渍化。土壤无机污染物的主要来源有工业污水灌溉、采矿和冶炼过程中的废水及废渣、大气中污染物的干湿沉降等。

(2) 有机污染物。

污染土壤环境的有机污染物主要包括有机氯农药、有机磷农药、多环芳烃类、多氯联苯、二噁英、石油类、塑料制品、染料、表面活性剂、增塑剂和阻燃剂等。农药化肥施用、污水灌溉、污泥和废弃物的土地处置与利用以及各种事故造成的污染物泄漏是土壤中有机污染物的主要来源。

（3）生物污染物。

土壤生物污染主要包括微生物、病原体和外来动植物对土壤的入侵，以及本土有害生物的大量聚集。土壤生物污染不仅会影响原有的生物种群和土壤自身的质量，而且有可能通过飘尘影响大气环境质量，随着水土流失和淋溶影响水质，沿着食物链及其他各种途径影响人体健康等。常见的土壤生物污染致病菌有各种细菌和真菌，例如曲霉、青霉、毛霉、镰刀菌、交链孢霉、葡萄孢霉、欧文氏杆菌、假单胞菌、芽孢杆菌、变形杆菌、沙门氏菌、弧菌、葡萄球菌、链球菌。此外，通过病人粪便和一些病畜尸体，一些病毒（传染性肝炎病毒、脊髓灰质炎病毒）和寄生虫（痢疾变形虫、鞭虫卵、绦虫的囊尾虫、肺吸虫囊蚴等）进入土壤，从而造成土壤的生物污染。总体来说，土壤生物污染物的来源非常广泛，主要有未经处理的城市生活污水、各种粪便垃圾以及饲养场和屠宰场污物等。

（4）放射性污染物。

放射性污染物是指人类活动造成的物料、人体、场所、环境介质表面或者内部出现的超过国家标准的放射性物质或者射线。放射性污染物中常见的放射性元素有氩（^{41}Ar）、氪（^{35}Kr）、锶（^{90}Sr）、钴（^{60}Co）、氘（^{2}H）、镭（^{226}Ra）、铀（^{235}U）、钋（^{210}Po）、钷（^{147}Pm）、氙（^{133}Xe）、碘（^{131}I）、铯（^{137}Cs）等。随着核试验、核工业的迅速发展和放射性核素的广泛应用，排放到土壤中的含放射性的废水、废渣等日益增多，从而构成了土壤的放射性沾污或者污染。放射线污染主要来源有核工业、核试验、核电站、核燃料的后处理以及人工放射性核素的应用等。

二、土壤环境污染的特点及危害

（一）土壤环境污染的特点

土壤是固相、气相和液相组成的三相共存体，结构复杂，因此土壤污染不像水和大气污染那样容易被人们发现。有害物质进入土壤后，一部分被土壤截留在土壤孔隙中，一部分与土壤结合形成相对稳定的络合物，还有一部分有害物质则被土壤生物所分解吸收。截留、络合在土壤中的污染物通过迁移转化会进入农作物，最终通过食物链损害人畜健康时，土壤本身的生产力可能不受影响，从而增加了对土壤污染危害的认识难度，以致污染危害持续发生。首先，水和大气污染比较直观，土壤污染则不同。土壤污染一般都要通过取样分析化验，还要通过生物的生长状况或摄食受污染农作物的人或者动物健康状况的变化才能反映出来，所以土壤污染具有隐蔽性和滞后性。其次，土壤污染后很难恢复，特别是重金属污染，大部分残留在土壤耕层，基本上不会自然消除或降解，在一定条件下可能与土壤中的其他物质形成稳定的络合物，暂时对土壤环境没有影响，一旦土壤环境发生改变，该络合物释放出重金属，仅仅依靠切断污染源的方法很难恢复。而许多有机化合物进入土壤后也需要一个较长的降解时间，所以土壤污染具有不可逆性和长期性。最后，在水环境和大气环境中，出现污染时及时切断污染源，通过自身稀释和自净作用，污染物的影响会逐步降低，但土壤的不可移动性导致进入其中的污染物很难靠自身的稀释作用减轻或消除。当污染发生后，有时只能靠换土或者土壤淋洗等成本较高的方法才能解决问题。

（二）土壤环境污染的危害

（1）土壤污染影响农产品品质，威胁国家粮食安全。

土壤污染带来耕地质量下降，直接威胁 18 亿亩耕地红线，导致粮食和农产品重金属等含量超标，影响食物安全。土壤污染会影响作物生长，造成减产。研究表明，土壤中的汞污染会导致土壤中微生物的活性降低，从而导致农作物根系生长缓慢，吸收力降低。土壤中铬的含量增多，会导致植株变矮、主茎叶数变少、开花结果延迟，产量显著下降。此外，农作物可能会吸收和富集某种污染物，影响农产品质量，给农业生产带来巨大的经济损失，长期食用受污染的农产品可能严重危害身体健康。据报道，我国大多数城市近郊土壤都受到了不同程度的污染，有许多地方粮食、蔬菜、水果等食物中镉、铬、砷、铅等重金属含量超标甚至接近临界值。

（2）土壤污染危害人体健康。

土壤污染会使污染物在植（作）物体中积累，食物中富集的重金属和其他污染物通过食物链进入人体，从而抑制人体酶的活性，干扰人体代谢过程，使中枢神经系统发生紊乱，导致各种疾病，甚至诱发癌症及胎儿畸形。土壤镉污染，会导致其上生长的作物镉含量超标，食用受污染地区种植的粮食作物是造成人类镉中毒的主要途径。研究表明，镉对人体的毒性作用较强，尤其是对肝脏、胎盘、肾脏、肺、大脑和骨骼的危害较大。20 世纪中期日本出现的“痛痛病”就是当地居民从受污染地区种植的水稻中摄取镉导致。此外，污染土地未经治理直接开发建设，会给居住人群造成长期的危害。人们生活工作的用地土壤污染还可能经口摄入、呼吸吸入和皮肤接触等多种方式危害人体健康。

（3）土壤污染导致其他环境问题。

土壤污染影响植物、土壤动物（如蚯蚓）和微生物（如根瘤菌）的生长和繁衍，危及正常的土壤生态过程和生态服务功能，不利于土壤养分转化和肥力保持，影响土壤的正常功能。此外，土地受到污染后，含污染物浓度较高的污染表土容易在风力和水力的作用下分别进入到大气和水体中，必然导致水体和大气污染，从而危害整个生态环境。土壤环境、水环境、大气环境是一个循环体系，相互之间不断地进行着各种物质和能量交换，土壤环境的污染必然会对水环境和大气环境产生影响。

第三节　土壤污染修复

土壤作为大气圈、岩石圈、水圈和生物圈的过渡地带，是联系有机界和无机界的中心环节；同时具有支持植物生长繁殖的功能，为人类提供食物来源。土壤可以吸收降解部分污染物质，具有一定的自净能力；但是，如果污染物含量超过一定的阈值，就会造成土壤污染。由于过去粗放式发展，当前我国土壤污染问题突出，影响农作物的质量和产量，污染土壤的修复尤为重要。

一、土壤环境的自净作用

土壤对施入其中有一定负荷的有机物或有机污染物具有吸附和生物降解作用，即通过各种物理、化学以及生物化学过程自动分解污染物，使土壤恢复到原有水平，这种净化过程称为土壤自净作用。土壤自净作用的能力除了和土壤中微生物的种类、数量及活性有关外；还和土壤的基本理化性质有关，例如土壤的结构、有机物含量、温度、湿度、通气状况等。土壤中栖息着各种不同种类且数量巨大的微生物群落，且土壤的特殊团粒结构使土壤具有截留、吸附、过滤和降解污染物的作用。根据土壤对污染物的不同作用机理，土壤自净可分为物理净化、物理化学净化、化学净化和生物净化。

（一）物理净化作用

土壤的物理净化是指利用土壤多相、疏松、多孔的特点，通过吸附、挥发和稀释等物理作用过程使土壤污染物趋于稳定，毒性或活性减小，甚至排出土壤的过程；其净化能力与土壤孔隙、土壤质地、结构、土壤含水量、土壤温度等因素有关。

（二）物理化学净化作用

土壤的物理化学净化是指污染物的阳离子和阴离子与土壤胶体上原来吸附的阳离子和阴离子之间发生离子交换吸附作用，其净化能力通过土壤中的阳离子交换量和阴离子交换量来衡量和计算。

（三）化学净化作用

化学净化是指进入土壤的污染物在土壤中进行一系列的化学反应，例如氧化还原、络合螯合、沉淀、酸碱中和、光化学降解等，使污染物转化成无毒害的小分子化合物或者变成难溶的、性质稳定的螯合物，其危害程度和毒性降低，这个净化过程称为化学净化作用。土壤的化学净化过程中不同污染物的反应机理不同，影响因素也很多，其除与土壤的物质组成和性质以及污染物本身的组成和性质有密切关系外，还与土壤环境条件有关。调节适宜的土壤 pH、氧化还原电位（Eh），增施有机胶体或其他化学抑制剂，如石灰、碳酸盐、磷酸盐等，可相应提高土壤环境的化学净化能力。

（四）生物净化作用

土壤的生物净化是指利用土壤中生物的生理生化作用，将土壤有机污染物分解、吸收转化、富集和生物放大等，降低土壤中污染物的过程。当污染物进入土壤中后，土壤中微生物体内酶或胞外酶可以通过催化作用发生各种各样的分解反应，这是土壤环境自净的重要途径之一。生物净化能力的大小由土壤中微生物数量、群落结构以及土壤基本理化性质（水分、温度、通气性、pH、Eh、碳氮含量）决定。同时土壤的生物降解还与污染物本身的化学性质有关，一些稳定有机氯农药、苯环结构的有机物，其生物降解速率一般较慢。

土壤环境的自净作用是以上四种自净作用的综合，是四种自净过程相互交错、共同作用的结果。虽然土壤能通过自净作用消除进入土壤的各种污染物，但其净化能力毕竟有限，随着人类社会快速发展，进入土壤中的污染物种类越来越多，成分也越来越复杂，如果让这些污染物不加控制地进入土壤环境中，必将打破土壤生态环境的原有平衡，从而导致土壤环境污染的发生，并直接威胁到人类的生活和健康。

二、土壤污染修复方法

（一）土壤污染修复任务及原则

土壤修复的任务是将污染的土壤环境部分或者全部恢复为原始状态，使修复后的土壤质量达到污染前的功能和状态。

在土壤修复过程中，要坚持立法保障、标准支撑原则，管控为主、修复为辅原则，培育技术、提升能力原则。做到在污染土壤修复过程中，注重源头控制，减少污染物进入土壤；在进行土壤修复时，使用的技术优先考虑资源回收问题，将污染物资源化，最终目的是实现土壤修复的无害化，即使用的修复技术除消除土壤本身的污染外，不能引进新的污染，同时也不能造成其他体系，如大气和水环境方面的污染。

（二）土壤污染修复方法

目前关于土壤污染修复技术的研究报道，从修复的原理大致可以将其分为物理修复技术、化学修复技术以及生物修复技术三大类。物理修复技术是指利用物理手段移除、覆盖、稀释和热挥发来减弱或消除土壤污染。化学修复则是指添加外来试剂或者环境条件变化引起土壤自身物质之间的变化，从而在污染土壤环境中发生化学反应来消除土壤污染物的治理技术。生物修复技术有两种说法，一种是指以动物、植物或者微生物为主体的污染治理技术；另一种是特指通过微生物的各种作用消除土壤中的污染物，或使污染物无害化的过程。

1. 物理修复技术

污染土壤的物理修复技术主要有翻土、客土、固化、热处理技术、玻璃化技术、电动力修复技术等。这些技术治理效果较好，但其工程量较大、处理成本较高，目前多用于小面积的污染区。

（1）翻土和客土。

翻土是采用机械将土壤深耕，使表层土壤中的污染物随表层土一起移动分散到深层，从而达到稀释土壤中污染物的目的。该法修复后要及时增加施肥量，以补充翻耕到表面的深层土的营养，该方法适用于土层较深厚的土壤。客土则是从别处取未受污染的土壤加入污染的土壤上，并与原有土壤混匀，使污染物浓度降低到临界危害浓度以下；或直接将干净客土覆盖在污染土壤表层，避免或减少污染物与植物根系的接触，从而达到减轻危害的目的。

（2）固化。

固化技术是根据一定比例加入固化剂，使其与重金属污染的土壤混合，经过一系列熟化处理后形成性质稳定、渗透性很低的固体混合物。常用的固化剂包括水泥、硅酸盐、窑灰、石灰、高炉炉渣、粉煤灰和沥青等。

（3）热处理技术。

热处理技术是通过向土壤通入热蒸汽或用射频加热等方法让污染土壤处于高温环境，从而产生一些物理或者化学作用，如挥发、燃烧、热解等，从而将土壤中的有毒有害物质去除的过程。该方法主要用于容易热分解的有机污染物污染，如石油污染类污染等。研究表明热处理技术处理多氯联苯类含氯有机物方便有效，能够显著减少二噁英生成。通过低热分离，多环芳烃的去除率达99.3%以上，氯酚类的去除率在98%以上。

（4）玻璃化技术。

玻璃化技术是通过加热，在高温条件下将污染的土壤熔化，冷却后污染物和土壤结合形成稳定的玻璃态物质，污染物很难被浸提出来，从而达到修复的目的。

（5）电动力修复技术。

电动力修复技术是指向土壤两侧施加直流电压，形成电场梯度，在电解、电迁移、扩散、电渗透、电泳等的共同作用下，使土壤溶液中的有害离子向电极附近富集从而被去除的技术。电动力修复技术运行机理主要有电渗析、电迁移和电泳。

2. 化学修复技术

化学修复技术是向污染的土壤中添加淋洗剂、改良剂和抑制剂等化学物质，使土壤中的污染物质发生沉淀、吸附、氧化还原、催化氧化、质子传递、脱氯、聚合、水解等反应，最终污染物降解或转化为低毒或低移动性的形态，从而减轻污染物对土壤环境的影响。

（1）化学淋洗技术。

化学淋洗技术是指加入化学溶剂，使土壤环境中污染物发生溶解或迁移作用，通过水力压力将清洗液注入污染土层中，随后把包含有污染物的液体从土层中抽提出来，进行分离和污水处理的技术。目前，该技术主要用表面活性剂处理有机物，用螯合剂或酸处理重金属污染的土壤。

（2）溶剂浸提技术。

溶剂浸提技术是利用溶剂将有害化学物质从污染土壤中浸提到有机溶剂中，而后分离溶剂和污染物的技术，也称为化学浸提技术。

（3）原位化学氧化修复技术。

原位化学氧化修复技术是通过掺进土壤中的化学氧化剂与污染物发生氧化反应，使污染物氧化为无毒物质的一项污染土壤修复技术。常用的氧化剂有 H_2O_2、K_2MnO_4 和 O_3，以液体形式泵入地下污染区。

（4）土壤改良修复技术。

土壤改良修复技术是向污染土壤中加入各种改良剂，降低重金属的水溶性、扩散性和生物有效性，使其进入土壤中的动物、植物、微生物及水体的能力降低，从而降低其对生态环境的影响的技术。常用的改良剂有石灰性物质（熟石灰、硅酸镁钙、碳酸钙等）、有机物质（未腐熟稻草、牧草、紫云英、泥炭、富淀粉物质、家畜粪便以及腐殖酸等）、离子拮抗剂、化学沉淀剂等。

3. 生物修复技术

生物修复技术包括植物挥发、植物提取、植物稳定、微生物修复等，利用植物、动物、微生物等降解、转化、吸收土壤中的污染物，具有成本低、处理彻底、可同时处理地下水、不造成二次污染、景观效果好等优势。

（1）植物修复技术。

植物修复技术是利用一些对有毒物质有忍耐和富集能力的植物降低或清除土壤中污染物的一种治理技术。根据其作用过程和原理，可以分为植物富集、植物固定、植物挥发、根际过滤、植物降解等类型。

植物富集：利用超富集植物将土壤中的污染物质吸收提取到根部可收获的部位和植物地上茎叶部位，然后将植物体收获、集中处置。目前报道的关于镍的超富集植物很多，主要有大戟科、十字花科、紫菀属、大风子科等，对锌富集能力较强的植物有十字花科的遏蓝菜属，关于镉的超富集植物有堇菜属植物，关于砷的超富集植物有凤尾蕨属的蜈蚣草、大叶井口边草、粉叶蕨等，铬的超富集植物有李氏禾以及在津巴布韦发现的 *Dicoma niccolifera* 和 *Sutera fodina*。

植物固定：利用植物在土表形成绿色覆盖层，植物根系及其分泌物通过吸附、积累、沉淀等过程达到减少污染物因淋洗、地表侵蚀等作用导致的污染物质向地下水等其他地方扩散的目的。

植物挥发：植物将污染物质吸收到植物体内，通过植物蒸腾作用将挥发性化合物或其代谢产物释放到大气的过程。一些研究表明，土壤中的硒、砷和汞等能被植物甲基化，最终形成可挥发性的分子，释放到大气中去。

根际过滤：植物根系吸收、吸附、沉淀污染物，形成一个根系过滤系统，从而消除土壤中的重金属和有机污染物。

植物降解：指被吸收的污染物通过植物体内代谢过程而降解的过程，或者污染物在植物产生的化合物（酶）的作用下在植物体外降解的过程。

（2）微生物修复技术。

微生物修复是指利用人工筛选、富集培养的功能微生物群或自然存在的微生物群落，控制适宜环境条件，促进或强化微生物代谢功能，从而达到消除或者降低有毒污染物活性的一种经济环保、无二次污染的生物修复技术。微生物修复过程主要是利用微生物降解土壤中的有机物，或者通过生物吸附、生物氧化和还原作用改变有毒物质形态。相比其他修复技术，微生物修复具有费用低、修复效率高、不易产生次生污染等优点，是目前国内外研究土壤修复的热点。

（3）动物修复技术。

动物修复是通过土壤环境中的某些低等动物来吸收、降解或转移土壤重金属，以达到修复目的。动物修复有一定局限性，在修复过程中，动物排便会把已吸收的重金属重新带回土壤，且不同动物对污染物的耐受程度不同，一旦超出其承受范围，动物将会逃逸甚至死亡。此外，动物修复过程中可能会产生新的环境风险，如修复过程中蚯蚓活动形成的蚯蚓孔能够产生明显的优势流现象，优势流极大地加快了重金属离子在土壤中垂直向下迁移的速度，从而增加了地下水被污染的风险。当前研究主要集中在利用蚯蚓、鼠类等土壤动物进行土壤污染修复。

（4）联合修复技术。

联合修复技术是联合两种或两种以上修复技术（如植物-螯合剂修复、植物-微生物修复），从而克服单项修复技术的局限、提高修复效率、修复土壤复合污染的一种综合技术方法。目前报道的关于联合修复技术有物理与化学联合修复，利用微生物辅助来进一步完善修复过程的物理、化学与生物联合修复技术，还有目前作为研究重点的利用植物与微生物之间的共存关系发展而来的植物微生物联合修复技术。随着对土壤污染认识的深入以及生态文明建设发展的要求，对土壤污染修复效果的要求也会越来越高。而在土壤这个复杂体系中，单一的方法很难达到最终的修复要求，因此，物理、化学、生物等多种技术的综合利用将会成为未来的发展趋势。

三、土壤修复发展趋势

土壤污染修复是一个漫长的涉及多种因素的过程，应根据污染物类型、土壤性质等选取合适的修复技术。同时，开发新的技术、研究新的材料和新的修复方法也是土壤污染修复下一步的研究重点，总体来说，应在以下方面开展深入研究。

第一，强化生物修复技术，筛选能超量累积污染物的生物，提高修复效率。要加强对本地超富集植物的筛选，培育本地高生物量、高富集能力、生长快、抗逆性强的植物。加强对分解能力强、繁殖速率快、选择性高的细菌的培育和筛选。应用基因工程和酶学修复技术，提取具有特定降解功能菌株的相关酶类，制成酶制剂或固定化酶，用于污染土壤修复。

第二，加强开发环保修复新材料和筛选生物修复优势物种。开发具有高效吸附能力、环保友好的环境功能材料，研发可降解、高螯合络合能力的螯合剂。利用基因工程、分子生物技术，开发具有优秀超富集和吸收转化重金属能力的植物和微生物。

第三，发展联合修复技术。由于土壤环境污染的复合型和复杂性，单一的修复方法往往很难满足实际工作的需要，因此应用多种修复技术的联合修复将是未来发展的重点方向。微生物－植物－酶组合时能形成营养来源和环境空间的互补，将是未来有机污染物污染修复研究中的一个重要方向。

思考题：

（1）什么是土壤污染？土壤污染对我们的生活有哪些直接或者间接的危害？

（2）联系土壤自净作用的相关机理，思考在土壤环境治理中可以采用那些方法对污染的土壤进行修复？

（3）各种土壤重金属修复方法的优缺点是什么？分别适用于什么情况下的土壤重金属污染？

（4）生活中哪些活动会产生重金属污染？如何避免这些污染物的产生及其对环境产生影响？

第五章　生物多样性保护

要点导航：

掌握生物多样性的内容、小种群的概念、就地保护和迁地保护的概念及各自优缺点、环境污染对生物多样性的危害。

熟悉物种多样性保护等级、遗传重组、染色体畸变和基因突变的概念及区别。

了解自然保护区的类型及功能区划。

我们生活的地球已经存在了约45.4亿年，地球上生命的出现也有约35亿年的历史。经历了几十亿年的时间和空间改变，生命进化出了不同的形式、结构和特征，形成了现今世界纷繁复杂的生物类群。由于人口数量的增加和人类活动直接或间接的影响，在过去的几十年中地球上的物种大量灭绝，还有许多物种由于种群数量的减少而面临灭绝的威胁。甚至有学者发现当前生物的灭绝规模与前五次地质记录的大灭绝（奥陶纪末、晚泥盆纪、二叠纪末、三叠纪末和白垩纪末）是相当的，并将当前生物的灭绝称为"第六次大灭绝"。在如此严峻的形势下，如何保护生物多样性已成为21世纪的人类亟待解决的问题之一。本章将对生物多样性的概念、环境污染对生物多样性的危害和生物多样性的不同保护措施等内容进行介绍。

第一节　生物多样性概述

生物多样性是地球生命的基础，在维持气候、保护水源、土壤以及维护正常的生态过程中起着重要的作用。生物多样性的维护对于人类来讲，具有直接使用价值、间接使用价值和潜在使用价值。

一、生物多样性的概念

生物多样性（biological diversity，biodiversity）的概念最初由Fisher和Williams在研究昆虫物种－多度关系时提出，指的是群落的特征或属性。近年来，生物多样性的概念已经由物种和物种丰富度扩展到种内的遗传变异及所有生态系统过程的信息。尽管有很多学者陆续提出不同表述的生物多样性概念，但他们有一个共同特点就是，生物多样性至少包括以下三个方面：

物种多样性（species diversity），包括地球上所有的物种。

遗传多样性（genetic diversity），指同种生物的同一种群内不同个体之间，或地理上隔离的种群之间遗传信息的变异。前者可以理解为狭义上的遗传多样性，后者可以理解为广义上的遗传多样性。

生态系统多样性（ecosystem diversity），包括不同的生物群落及其与化学和物理环境的相互作用。

二、生物种类及多样性分布

许多物种在人们开展研究之前有可能已经灭绝，目前记录的生物物种约 150 万种，其中一半以上的物种分布在热带地区，还有更多的物种尚未发现。关于当下物种总数的准确数字，目前我们还没有得出，因为真菌类和热带林冠上的昆虫都很小，难于研究统计。这些不便于调查研究的类群可能有数十万至上百万，虽然有些生物类群，如鸟类、哺乳动物及温带的有花植物已经被人们所熟知，但是这些类群中每年仍然能发现一些新类别，而且这个数字还比较稳定。每年新描述的类别达 2 亿之多，估计全世界生物类别总数在 500 万～1 亿种。因此，分类学家在物种分类和编目方面面临着艰巨的任务。

科学家们对物种多样性及其地理分布格局进行了研究，发现了各生物类群物种丰度随纬度、经度、海拔、地形、气候、能量、人为干扰强度梯度的分布状况，还探讨了形成这一现象的主要原因，解释环境因子在物种多样性分布变异中的作用，为了解生物多样性的分布，甚至为规划生物多样性的保护措施提供支持。物种最丰富的环境应该是热带雨林及落叶阔叶林、珊瑚礁、热带的大湖和深海。但是随着环境污染和气候变化，热带雨林的面积急剧减少，水体环境也不断发生变化，生物物种的生存环境被破坏，物种数量不断减少，如热带雨林中某些特定生存环境（如岛屿）中集中分布的热带森林鸟类，更容易遭受生存环境丧失的威胁；珊瑚礁由于受全球气候变暖以及渔网拖拽的影响，也处于迅速衰退中。

第二节　环境污染对物种多样性的影响

人口的增长和人类的活动导致环境污染日趋严重，生态系统受到威胁，严重影响了生态系统的结构和功能，进而导致生态系统的退化和生物多样性的破坏，甚至某些物种灭绝。

一、物种及其灭绝机制

物种简称种（species），是生物分类学研究的基本单元与核心内容，同时也是生物学领域各个分支学科开展研究最基本的操作单元之一。目前，生物学界被广泛使用的物种概念是“生物学物种概念”，据此，物种被看作生物分类学的基本单位。物种是交互繁殖的相同生物形成的自然群体，与其他相似群体在生殖上相互隔离，并在自然界占据一定的生态位。

地球上的生物处于一个生灭的动态过程，旧物种的灭绝又为新的物种留下生存空间；不断产生的新物种取代了灭绝生物。历史上每发生一次物种大灭绝，随之而来的是生物多样性的增加，新的生物科、属和种的出现。纵观地球演化史，生物多样性一直在缓慢地增加，当前，地球上物种的数量是地质历史上最高的；同时，灭绝率也是最高的。若不是人口的急剧增长、现代科学技术的出现，地球上的生物多样性可能还会继续增加。

生物学家 E. O. Wilson 认为物种灭绝是最严重的环境恶化。生物群落遭破坏而退化、收缩，利用价值随之降低。但是，只要生物群落中的物种未灭绝，群落仍可能恢复。同样，种群的个体数减少会降低遗传多样性，但是，只要物种未灭绝，种群可以通过突变、自然选择和重组来恢复遗传多样性。不幸地是，如果群落中的物种灭绝，其携带的遗传信息以及该物种独特的性状组合也会永远消失，最终导致该种群不能恢复、群落变得简单。

二、生物多样性面临的危机

世界自然保护联盟（International Union for Conservation of Nature，IUCN）对全球物种濒危状况进行分析后，将导致物种濒危的原因归结为过度采集、生境丧失与退化、外来物种入侵、物种内在因素、环境污染和自然灾害等几种类型。

（一）过度开发对生物多样性的危害

人类对生物多样性的影响在近几百年来显著加剧。1600 年以来，尤其是工业革命之后，世界人口呈指数爆炸数量增长。更多的人口意味着需要更多的自然资源，从而造成了自然资源的过度采伐和开发。渔业资源的开发利用是最好的例子，20 世纪以来，随着捕鲸船吨位的增加，鲸类被人类一种接一种地摧毁。据 1993 年的数量统计，与捕鲸业开展前相比，蓝鲸数量减少 94%、露脊鲸减少 74%、座头鲸减少 92%、南右鲸减少 97%。同时，科学技术的进步为过度捕捞提供了基础。同样具有较高人口增长率的国家，其森林采伐更为严重，人类过度开采直接威胁着 1/3 的濒危哺乳动物和鸟类的生存。在中国，威胁脊椎动物生存的各类要素中，过度开采所占比重最大。

过度开发除了直接威胁被开发的物种外，还间接影响这些物种所在的群落和生态系统。以过去 20 年为例，中国几乎所有主要和著名的野生植物资源种类都遭受了过度采挖，导致个体减少、种群下降、分布面积缩小的危机。

（二）生境丧失对生物多样性的危害

生物多样性损失的主要原因不仅仅是人类的直接开采与猎杀，而且还源于人口增长和人类活动导致的生境破坏。人口增长对土地的需求不断增加，大面积的森林、草地和沼泽等变成了村庄、城镇、道路、农田和牧场。这种增长和破坏在未来的几十年里仍将是影响陆地生态系统生物多样性的主要因素。

中国草场面积辽阔，虽然有些地段尚利用不足，但总体看来，目前超载放牧、草场退化的情况很普遍。以内蒙古自治区为例，当前全区退化草场面积占全区可利用草场面积的 50% 左右，其中严重退化面积接近总面积的 20%。退化最严重的是鄂尔多斯高原的草场，退化面积达 68%。

（三）生境破碎化对生物多样性的影响

完全的生境丧失的同时，几乎总是伴随着生境破碎化的发生。许多生境的广阔、完整的土地，如今被公路、农田、乡村和其他大范围的人类建筑分割成生境片段，这就是生境破碎化过程。

近年来，随着公路和铁路等交通基础建设速度的加快，其引起的生境破碎化问题也日益严重，其中最突出的是植被破坏和水土流失。以京九铁路的建设为例，仅河南省信阳市光山县境内 0.2 km 的路基开挖地段就毁坏了植被 3.06×10^6 m^2，弃土石 5.0×10^4 m^3。

（四）环境污染对生物多样性的影响

环境退化最敏感和普遍的形式是污染，常常由杀虫剂、污水、农用化肥、工业化合物与废弃物、工厂与机动车排放气体以及受侵蚀的山坡产生的沉降颗粒导致。环境污染有时是清晰可见的、影响显著的，但更多的时候是隐蔽的、不可见的，而这种隐形污染却很可能带来巨大的威胁。

据统计，在 20 世纪 90 年代，我国受工业废弃物及生活垃圾明显污染的农田面积达 1000 万 hm^2，约占农田总面积的 10%，受农用化学物污染的面积也达 1 000 万 hm^2，两项相加造成总的经济损失在 150 亿元以上。中国不少湖泊及主要河流已被工业废水严重污染，并造成水生植物区系大量消亡。

（五）全球气候变化对生物多样性的影响

自工业革命以来，由于煤炭、石油和天然气等化石燃料的燃放，农业生产和森林砍伐，大气中 CO_2、CH_4、N_2O 等温室气体含量一直稳步增加。全球气候变化对生物多样性的影响是多方面的，不同类型的生态系统受到的威胁程度有所差异。全球气候变化将使北温带和南温带气候区向两极偏移，会有超过 10% 的动植物不能在变暖的气候中生存。如果这些物种不能及时迁移到新栖息地，将濒临灭绝。同时，海平面的升高会导致低海拔沿岸的湿地群落最终被洪水淹没。海平面的上升将毁坏美国 25%～80% 的滨海湿地，甚至将对低海拔国家（如孟加拉国）以及岛屿国家带来毁灭性灾难。

（六）外来物种入侵对生物多样性的影响

外来物种入侵往往会改变原有种群结构及其生境，造成原生物种数量的急剧下降。据 SCOPE 报告，在世界范围内，外来入侵物种至少已经造成 109 种爬行动物的灭绝，甚至改变了多个岛屿生态系统的结构。在美国，威胁濒危物种的各类因素中，外来入侵种占 49%，特别是给鸟类和植物带来了严重影响。入侵物种不仅会降低所入侵地区生物多样性的特有性，而且对以保护多样性为目标的自然保护区也直接构成威胁。

第三节　生物多样性保护

随着人们对环境污染和生态危机的认识，意识到生物多样性破坏给人类带来严重的危害，世界各国都在积极寻求生物多样性保护措施，以保证在最大限度内让地球生态系统发挥其应有的作用。

一、物种多样性保护等级及保护原则

（一）物种多样性保护等级

确定最易灭绝的物种对于生物多样性保护是必要的。从20世纪60年代开始，人们就在努力研究确定物种濒危等级标准。其中比较成熟的，在国内外濒危物种的濒危登记划分上应用较为广泛的是世界自然保护联盟（International Union for Conservation of Nature，IUCN）物种濒危等级评估体系。IUCN的保护级别划分体系如下。（参见［美］普星马克、马克平、蒋志刚主编《保护生物学》，科学出版社2014年版第154页）

绝灭：如果确信某一分类单元的最后一个个体已经死亡，即认为该分类单元已经灭绝。

野外绝灭：只生活在栽培、圈养条件下或者只作为自然化居群生活在远离其过去的栖息地时，即认为该分类单元属于野外灭绝。

极危：野生种群面临即将灭绝的概率非常高。

濒危：野生种群在不久的将来面临灭绝的概率很高。

易危：野生种群在未来一段时间内可能有比较高的灭绝威胁。

近危：当一分类单元未达到极危、濒危或者易危标准，但是在未来一段时间后，接近符合或可能符合受威胁等级。

无危：虽然存在威胁，但目前并不严重。

数据缺乏：判断物种（或亚种、变型）无灭绝风险的信息不足。

未予评估：还未应用IUCN标准对该物种的灭绝风险进行评估。

区域灭绝：物种（或亚种、变型）在该国或该区域灭绝，但仍然存在于世界其他国家或地区。

不适用：在该国或区域不适合用IUCN标准对该物种进行评价。

IUCN通过出版红皮书和红色名录、关注一些特殊物种等活动，对于国家和全球水平的生物多样性保护有很大帮助。另外，通过一些国际公约，确定需要保护的濒临灭绝的物种。IUCN濒危物种红色名录虽然不是国际法和国家法律，但是记载了濒危物种信息，是一部重要的关于物种生存状态的权威文献，对于政府间组织、非政府组织的保护决策及各国的自然法律法规制定有着深远的影响，它将物种濒临灭绝的风险与保护优先度区分开来，在保护生物学理论研究中也发挥着一定作用。

我国的濒危物种评估和红皮书编研从20世纪80年代后期开始。最早的工作是依据IUCN濒危物种体系出版的《中国珍稀濒危保护植物名录（第一册）》和基于该名录编写的《中国植物红皮书（第一册）：稀有濒危植物》。后者采用了濒危、稀有和渐危三个等级，对我国珍稀濒危植物的保护和研究产生了重要的推动作用。1996年我国继续出版了《中国动物红皮书》，其中的物种濒危等级划分主要参照了IUCN濒危物种红色名录，同时也考虑了当时中国的国情，使用了野生灭绝、绝迹、濒危、易危、稀有和未定等几个等级。

（二）种群下降的鉴别和保护

绝大多数受威胁的种群属于下降种群，下降种群的保护方法主要是针对每个物种进行生态调查，实施种群恢复的管理措施。这些经验和方法缺少完整和系统的理论，某一物种成功的种群保护计划和措施可能并不适用于其他物种。有关下降种群的最小可存活种群和种群生存力分析研究开展的工作还很少，理论和方法均不成熟。下降种群的种群生存力分析一般不把遗传变异损失当作一个重要问题，因为下降种群的种群大小一般比较大，近交衰退、隐性致死基因表现和遗传漂变不严重。但对于连续几代小种群引起的瓶颈效应，从而导致的遗传多样性损失和种群生存力下降问题，则应给予足够的重视。

Caughley 系统地总结了下降种群的保护实践，提出了鉴别种群下降的一般步骤和下降种群保护的主要程序。鉴别种群下降原因的步骤为：研究物种的自然历史，以获得下降种群生态学、环境和现状的知识；收集足够的背景知识，列出下降的可能原因；测量物种现在和以前的种群水平，并设立一组实施保护的对照，鉴别下降的公认因素；检验试验提出的假说，证实公认因素是下降的直接原因。

下降种群的保护可以按如下程序进行：应用科学方法说明种群为什么下降，哪个因素引起了种群下降；移去下降的因素；对照试验，证实下降的原因；将部分个体转移（translocation）到未被目标种占据的区域，重新饲养（或种植）目标种，如果保留下来的种群太小，种群有进一步减少的风险，则应尽可能地繁殖被保护的物种，尽可能在离保留种群较近的地点人工繁殖该物种，尽早地开展野外释放工作；监测种群的再建立过程。

二、生物多样性保护措施

（一）规章制度的建立

生物多样性保护立法和经济性政策手段是各国生物多样性政策中最活跃的领域。一个物种一旦确定需要保护，就需要通过相关法律法规和签署条约来实施保护。这些法律法规总体上可以分为两大类：国际公约和国家法律。

国际公约主要是处理国家和地区之间的生物多样性保护和贸易。人们需要国际协定和公约来进行物种及其栖息地保护，主要是因为物种会在国家间迁徙或迁移，因此存在生物及其制品的国际贸易，生物多样性的贡献具有国际意义，对生物多样性的威胁常常是国际范围的。有些国际团体，如联合国环境规划署、联合国粮食及农业组织（Food and Agriculture Organization of the United Nations，FAO）以及世界自然保护联盟，积极推动了全球的生物多样性保护工作。

我国是全球 12 个生物多样性最为丰富的国家之一，生物多样性保护任务艰巨。建立完整的生物多样性政策体系，是规范生物多样性保护与利用工作的重要措施。我国生物多样性保护视野的持续健康发展，首先要得益于生物多样性相关法规政策的建设与完善，特别是生物多样性保护政策方面取得的突出进展。

1. 国际野生生物保护相关公约

（1）《生物多样性公约》。

《生物多样性公约》（Convention on Biological Diversity，CBD）是当前保护生物资源的国际公约中最重要的文件，从非常广泛和深刻的意义上就保护生物资源做出了总的原则性规定。《生物多样性公约》是在联合国环境规划署主持下谈判制定的，并于 1992 年

6月在巴西里约热内卢召开的联合国环境与发展大会上由150多个国家政府首脑签署，并于1993年12月29日正式生效。目前已有193个国家签署参加这一公约。中国于1992年6月11日签署，并于11月7日批准，同年12月29日正式对我国生效，对《生物多样性公约》起主管监督的是国务院环境保护行政主管部门。

《生物多样性公约》的宗旨是保护生物多样性、持续利用其组成部分、公平合理分享由利用遗传资源而产生的惠益。其不仅对我国各级政府、企事业单位以及各类社会团体提出了一种科学的物种保护理念，而且规定了各缔约国在生物多样性保护上的权利和义务，更为自然保护区这一在自然生态和物种保护工作上承担着举足轻重作用的机构，指明了努力的方向。

《生物多样性公约》规定，发达国家将以赠送或转让的方式向发展中国家提供新的补充资金以补偿它们为保护生物资源而日益增加的费用，应以更实惠的方式向发展中国家转让技术，从而为保护世界上的生物资源提供便利；签约国应为本国境内的植物和野生动物编目造册，制订计划保护濒危的动植物；建立金融机构以帮助发展中国家实施清点和保护动植物的计划；使用另一个国家自然资源的国家要与那个国家分享研究成果、盈利和技术。

（2）《濒危野生动植物种国际贸易公约》。

野生生物及其产品的国际贸易于“二战”后在世界范围内迅速增长，而这种贸易活动对野生生物资源破坏严重。1963年，IUCN开始号召制定一个国际公约来控制稀有濒危野生物种及其产品的贸易活动。《濒危野生动植物种国际贸易公约》（Convention on International Trade in Endangered Species of Wild Fauna and Flora，CITES）又称《华盛顿公约》，是1973年3月3日在美国华盛顿召开的缔结该公约全权代表大会上通过并向世界各国开放签字的，21个国家的全权代表签署了该公约，于1975年7月1日生效。目前已有178个国家批准签署或加入，我国于1980年加入该公约，并于1981年1月8日向该公约保存机构——瑞士联邦政府交存了加入书，同年4月8日起该公约对中国生效。

《濒危野生动植物种国际贸易公约》的宗旨是通过各缔约国政府间采取有效措施，加强贸易控制，来切实保护濒危野生动植物种，确保野生动植物中的持续利用不会因国际贸易而受到影响。该公约将其管辖的物种分为三类，分别列入三份附录中，并采取不同的管理办法。其中附录Ⅰ包括所有受到和可能受到贸易影响而有灭绝危险的物种；附录Ⅱ包括所有目前虽未濒临灭绝，但如对其贸易不严加管理，就可能有灭绝危险的物种；附录Ⅲ包括成员国认为属其管辖范围内，应该进行管理以防止或限制开发利用，而需要其他成员国合作控制的物种。

（3）《保护迁徙野生动物物种公约》。

1972年斯德哥尔摩联合国人类环境会议第32项建议认为，各国政府应考虑制定国际公约保护生活在公海或国家间迁徙的物种。由于这些物种不能在整个迁徙过程中都得到保护，严重地破坏了人类为保护或恢复其种群的各种努力。为此，1979年6月23日在德国波恩诞生了《保护迁徙野生动物物种公约》（Convention on Migratory Species，CMS，简称《波恩公约》）并开放签字，于1983年11月1日生效，目前有91个缔约国。中国尚未加入，但我国在 20 世纪 90 年代与该公约秘书处签署了《保护白鹤备忘录》。

（4）《拉姆萨尔公约》。

湿地是地球上一类生产力最大的生命保障系统，是自然生态系统的“肾脏”，保护它们对生物、水文和经济等方面都十分重要。但近几十年，湿地在世界许多地区被开垦、挖掘和污染，湿地丧失的速度相当惊人。为此，以国际水禽研究局（International Waterfowl Research Bureau，IWRB）为主的一些保护机构，召开了一系列阻止湿地破坏趋势的国际会议，《关于特别是作为水禽栖息地的国际重要湿地公约》（Convention of Wetlands of International Importance Especially as Waterfowl Habitats，CWIIEWH，简称《湿地公约》）于 1971 年 2 月 2 日在伊朗拉姆萨尔通过，1975 年 12 月 21 日生效，所以又称《拉姆萨尔公约》。现有 168 个缔约国，中国于 1992 年 2 月 20 日递交加入书，同年 7 月 31 日生效，并已有 46 个湿地保护区列入《国际重要湿地名录》。

《湿地公约》已经成为我国湿地类型保护区建设和管理的重要指南。该公约是为保护湿地而签署的全球性政府间保护公约，其宗旨是通过国家行动和国际合作来保护与合理利用湿地，实现生态系统的持续发展。经该公约确定的国际重要湿地是在生态学、植物学、动物学、湖沼学或水文学方面具有独特的国际意义的湿地地区。

（5）《保护世界文化和自然遗产公约》。

《保护世界文化和自然遗产公约》（Convention Concerning the Protection of the World Cultural and Natural Heritage，CCPWCNH，简称《世界遗产公约》）于 1972 年 11 月 16 日在联合国教科文组织（United Nations Educational，Scientific and Cultural Organization，UNECSO）第十七次会议上通过，1975 年 12 月 17 日生效，目前有 190 个缔约国。我国于 1985 年 11 月 22 日加入该公约，1986 年 9 月提交了首批遗产清单，已有 45 处文化和自然遗产列入《世界遗产名录》。

该公约主要规定了文化遗产和自然遗产的定义、文化和自然遗产的国家保护和国际保护措施等条款。公约规定了各缔约国可自行确定本国领土内的文化和自然遗产，并向世界遗产委员会递交遗产清单，由世界遗产大会审核和批准。凡是被列入世界文化和自然遗产的地点，都由其所在国家依法严格予以保护。公约的管理机构是联合国教科文组织的世界遗产委员会，该委员会于 1976 年成立，同时建立了《世界遗产名录》。

（6）其他野生生物保护条约。

我国还加入了一些其他国际条约，如《联合国防治荒漠化公约》（United Nations Convention to Combat Desertification，UNCCD），这是 1992 年里约联合国环境与发展大会《21 世纪议程》框架下的三大重要国际环境公约之一，1994 年 6 月在巴黎通过，并于 1996 年 12 月正式生效。另一部分是双边和多边协定，包括：1981 年 3 月 3 日，我国与日本签订的《中华人民共和国与日本国政府保护候鸟及其栖息环境协定》；1986 年 10 月 20 日，我国与澳大利亚签订的《中华人民共和国与澳大利亚政府保护候鸟及其栖息环境的协定》；1990 年 5 月 6 日，我国与蒙古国签订的《中华人民共和国与蒙古人民共和国政府关于保护自然环境的合作协定》；1994 年 3 月 29 日，我国国家环境保护局与蒙古国自然与环境部和俄罗斯联邦自然保护和自然资源部签订的《关于建立中、蒙、俄共同自然保护区的协定》。

2. 我国生物多样性保护法律法规

我国野生动植物种类繁多，起源古老，特有种、稀有种及濒危物种突出，野生动植物保护一直都是我国生物多样性保护工作的重点。

（1）野生生物海洋环境保护法。

为了保护海洋环境这一特殊类型的生态环境及其资源，我国于1982年8月23日颁布了《中华人民共和国海洋环境保护法》，并于次年3月1日实施。该法的目的是保护海洋环境及其资源，防止污染损害，保护生态稳定，保障人体健康，促进海洋事业的发展。

（2）野生生物陆地栖息环境保护法。

野生生物广泛分布于各类生态环境中，而陆地生态环境尤为多样。涉及的环境保护法规也很多，大的立法有《中华人民共和国农业法》《中华人民共和国土地管理法》《中华人民共和国水土保持法》《中华人民共和国森林法》《中华人民共和国草原法》等，有些法还有配套的实施细则。野生动植物栖息地保护相关法律发展至今仍存在不足之处，主要体现在栖息地保护主体不全面、栖息地保护方式单一、栖息地保护的法律程序规则缺乏、应重视传统文化在栖息地保护中的作用。

（3）野生生物物种保护法。

保护物种是当前环境保护所面临的一个特别重要、困难和紧迫的任务。我国在保护野生生物物种方面的专门立法有《中华人民共和国野生动物保护法》《中华人民共和国野生植物保护条例》《中华人民共和国家畜家禽防疫条例》《中华人民共和国野生药材资源保护管理条例》等，以及相应的实施细则等。其中《中华人民共和国野生动物保护法》于1988年11月8日公布，次年3月1日施行。1992年3月1日和1993年10月5日我国还分别发布了《中华人民共和国陆生野生动物保护实施条例》和《中华人民共和国水生野生动物保护实施条例》来细化补充野生动物保护法，并促进该法的有效实施。

（二）常见生物多样性保护

1. 种群保护

人类活动造成的物种灭绝速度已超过自然灭绝率的100倍以上，并且远远超过新物种进化产生的速度。同时导致动植物栖息地丧失、退化和破碎化，一定区域内把物种的种群分割为若干小种群，现存濒危物种往往只有少量的几个种群，甚至一个种群。因此，保护种群已经成为物种保护的关键，探讨小种群和种群的问题显得尤为重要。

（1）小种群。

A. 小种群的基本概念及影响小种群生存的因素。

制订一项物种保护计划首先必须确定最小生存种群，即在正常和严酷年份均能保证物种生存的个体数目。然后，保护能维持最小生存种群所需面积的栖息地。

当一个种群的数量下降到将要进入灭绝旋涡时，这个种群称为最小存活种群（minimum viable population，MVP）。广义的MVP的概念有两种：一种是遗传学概念（主要考虑近亲繁殖和遗传漂变对种群遗传变异损失和适合度下降的影响），即在一定时间内保持一定遗传变异所需的最小种群大小；另一种是种群统计学概念，即以一定概率存活一定时间所需的最小种群大小。Shaffer（1981）在其非常有影响力的论文中提出了最小生存种群的概念，即保证物种长期生存所必须的种群个体数量，“在统计随机性、环境和遗传随机性，以及自然灾变等各种因素的可预见作用下，任何特定物种在任何特定栖息地中有99%的概率存活1000年的最小孤立种群即为最小生存种群”。

一旦确定了一个物种的最小种群值，就可能通过研究濒危物种群体和个体巢区的大小来估算其最小动态面积（minimum dynamic area，MDA），即维持最小生存种群所必须的适宜栖息地面积（Thiollay，1989）。尽管有例外，但大多数物种的保护需要大种群，而小种群物种灭绝的风险更大。导致小种群物种个体数量快速下降和局域灭绝的主要原因为：①丧失遗传变异性，以及由此而产生的近交衰退和遗传漂变等问题；②出生率和死亡率的随机变化导致的种群统计随机性波动；③由于捕食、竞争、疾病、食物供应造成的环境波动，以及不定期发生的自然灾变。

季维智指出，小种群的保护在生物多样性保护中有特殊的意义，主要是因为以下原因。①紧迫性。小种群极易灭绝，其灭绝风险高于种群较大的物种。因此，尽快拯救它们是一项迫切的任务。②困难性。小种群不但对人为活动干扰极为敏感，而且随机因素对种群存活也有重要影响。种群越小，随机因素对种群的影响越大。即使完全排除了人为活动干扰，小种群的命运仍受到随机事件的左右。因此要谨慎地保护小种群。但由于种群数量小，其生态学和遗传学资料匮乏，这也是小种群保护所面临的特殊困难。③目标性。保护生物多样性的目标之一是保护最大的物种多样性，防止物种灭绝。但是在同一时间内保护所有物种是不为人力、物力和财力所允许的。

B. 小种群保护的步骤和方法。

进行小种群保护时，人们关心的是种群的遗传变化、种群统计随机性和环境随机性等对种群灭绝的影响。保护小种群首先要在了解该种群的生态学资料、环境背景知识、地理分布信息、种群的遗传特征及人为活动情况的基础上，进行种群生存力分析和参数的灵敏度分析，了解危害种群存活的关键因素、种群灭绝的过程、灭绝的风险和存活的基本条件、不同人为管理措施对种群存活的意义，以此为理论基础，科学地管理种群。Woodruff提出了一套具体的管理措施，主要包括以下九点：使有效种群大小最大、使种群增长率方差最小、尽可能地知道可存活种群的大小、调整奠基者效应的遗传贡献、监测和保持质量遗传变异和数量遗传变异、减少种群的近交或清理种群负责近交衰退的基因、避免远交衰退、保持多个种群（集合种群）、避免某种类型或家养环境的选择。

提高自然行为格局，包括扩散和迁移、社会性和繁殖；管理相互作用的种群，包括传粉者、捕食者、被捕食者、寄生者和竞争者。

（2）建立新种群。

建立新的野生或者半野生的珍稀濒危种群以及扩大现有种群规模，这些方法能够使小种群物种及隔离种群物种存续下去。为了拯救濒危物种，生物学家找到一些用于建立珍稀及濒危物种新野外种群和半野外种群，并能增加现有生物种群数量的新方法。这些方法可使现在仅生活在圈养条件下的物种重新获得它们在生物群落中的生态和进化位置，从而增加小种群物种及隔离种群物种生存下去的概率。通过互补的、在野外建立新种群以及开展人工繁育计划，很多物种都受益良多。与圈养种群以及隔离野生种群相比，野外种群被自然（如流行病、灾害性天气、战争、气候变化以及污染等）摧毁的可能性比圈养种群小。同时，增加种群的数量以及规模能够有效降低种群灭绝的风险。

目前主要有再引入项目、增补项目和引入项目三种基本方式用于建立新的动植物种群，其中大多数方法都是由 IUCN 再引入专家组制订的。所有方法都包含了对现存物种个体的重新安置。

将圈养个体以及野外捕获个体重新释放到它们的历史分布范围内合适的地点即为再引入项目。该项目的主要目标是在物种的原始分布范围内重建一个新的种群。通常，引进个体经常在它们或它们的祖先曾经采集的地点释放，以保证个体对环境的适应性；当一个新的保护区建立后，当一个现存种群遇到某些自然的或人为的障碍，或者遇到新的威胁，野外捕获的个体也经常被释放到其他适宜的环境中去。因此该项目又称为“再建立”（reestablishment）、“再恢复”（restoration）或“易地”（translocation）。濒危物种种群重建不仅能使重建物种受益，还能惠及其他物种甚至整个生态系统。

将人工饲养或其他地方获得的野生个体放归到现有野生种群中，以提高现有种群的规模及其基因库即为增补项目。这些释放个体可能是在别处采集到的野生个体或是圈养繁殖的个体。增补项目的一个特例就是“领先”（head starting）方法，即在人工条件下养育刚孵出的小海龟，帮其度过最脆弱的幼年阶段后，再放回野外。

将人工饲养或者野外获得的动植物个体释放到历史上该物种不存在但很适宜它们种群延续的地区即为引入项目。实施引入项目通常是由于物种原生地的环境已经被破坏，不适合该物种生存，或者导致原来野生种群衰退和灭亡的因素仍然存在，因此不适于种群重建。将一物种引入新的地点必须经过认真的考虑，以确保物种不会破坏新地的生态系统或威胁任何的濒危物种种群，还必须留意确保释放个体在圈养期间不生病，以防将疾病传播到野生种群中而导致个体大批死亡。

2. 就地保护

随着人类活动范围和力度的不断扩大和加强，对自然资源的需求也越来越大，自然环境遭到了大范围的干扰和破坏，导致物种生存环境破坏、生态系统结构和功能减弱、外来有害生物入侵、生境退化、遗传多样性丧失甚至灭绝。保护生物多样性最有效的方式是保护原始健康生态系统的完整性，建立保护地（protected area）及自然保护区是其中的最佳途径。

（1）自然保护区的类型及功能。

保护地是指专门用于生物多样性及有关自然与文化保护资源的管护，并通过法律和其他有效手段进行管理的特定陆地或海域。

具备以下条件之一就可以建立自然保护区：

①代表各种不同自然地带的典型自然生态系统；②自然生态系统或物种已遭破坏，而又有重要价值，亟待恢复的地区；③自然生态系统比较完整、自然演替明显、野生物种资源丰富的地区；④国家规定保护的珍稀动物、候鸟或具有重要经济价值的野生动物的主要栖息地区；⑤典型而有特殊意义的植被、珍贵林木及有特殊价值的植物原生地或集中的地区；⑥具有特殊保护意义的地质剖面、冰川、熔岩、温泉、瀑布、化石等自然

历史遗迹地。

从自然保护区的建立条件可以看出，自然保护区建设的目的或者说功能是多种多样的。包括进行科学研究，保护原野地域，保护遗传、物种、种群和自然景观的多样性，维护生态系统服务功能，保护具体的自然和文化特色，提供旅游和休闲地，推动当地经济增长和社会教育、发展，促进自然生态系统资源的可持续使用，维护文化和精神特性及国家安全等。

IUCN 依据人类对栖息地利用程度的高低，制定了一套保护地分类系统，将保护地分类如下六类。

第一，严格意义上的自然保护区/荒野地保护区。主要是科学研究的严格的自然保护地和为保护荒野区而建立的荒野地保护区。

第二，国家公园。主要用于保护生态系统并提供旅游休闲服务，划定一定面积的陆地或海洋建立国家公园，在保护生态系统目前和未来的完整性的基础上为人类提供精神的、科学的、教育的和旅游休闲的服务功能，实现环境和文化的和谐。国家公园杜绝开发利用和非法占有。

第三，自然遗迹。主要用于保护某些特定的自然特征，为一定面积的具有一种或多种特定的较高自然或文化价值的特殊区域，或具有稀有性、代表性、美学或文化价值的特殊地段。

第四，栖息地/物种保护地。对保护地进行有效科学的管理，积极采取行动，确保栖息地的可持续性，能满足特定物种的需求。

第五，陆地和海洋景观保护地。主要用于陆地和海洋景观的保护，并为人类提供休闲服务。包括一定面积的陆地、海岸线和海洋，是人类和自然长期相互作用形成的具有重要美学价值、生态价值、文化价值及丰富生物多样性的特殊地段。

第六，自然资源保护地。主要为了实现自然生态系统的可持续利用。包括未受人类活动改变的自然生态系统，对其管理的目的是确保生物多样性长期维持和保护，并为社区可持续发展提供自然产品和服务功能。

（2）自然保护区的设计原则。

第一，指示物种的确定。自然保护区选址需要有物种分布方面的资料。但是，人们很难得到某一区域所有物种的详细分布信息，因此，需要确定指示物种。确定指示物种时可以参考该物种当前的稀有性、受威胁状态及其实用性，物种在生态系统和群落中的地位，该物种在进化中的意义。一般情况下，指示物种可以是：①该区域内特有的濒危物种；②该区域特有的受威胁物种；③绝大多数种群分布在该区域的濒危物种；④绝大多数种群分布在该区域的受威胁物种；⑤其他具有特殊意义的动植物物种。

第二，选址的一般原则。自然保护区选址，需要坚持完整性原则、代表性原则、优先性原则和可持续发展原则。坚持在广泛的时空尺度上包含生态过程和生物多样性各组成成分，应以生物等级系统的各个层次或节点作为保护对象，将节点连接成一个完整的保护网络，即完整性原则；坚持最大限度地代表所处生物地理区域的生物多样性；受威胁严重的生态系统及濒危物种栖息地尽可能划为保护区，并优先安排建设；应尊重现有土地利用方式，尽量避免与现有土地利用方式冲突，并充分考虑当地居民对土地及其他资源的利用与开发的潜在要求。

第三，自然保护区大小的确定。面积大的自然保护区与面积较小的自然保护区相比，能较好地保护物种和生态系统，因为大的自然保护区能保护该地区更多的物种，一些物种，特别是大型脊椎动物在小的自然保护区内容易灭绝。自然保护区的大小也是区域内生境质量的函数。自然保护区的大小可能部分地代表关键资源的数量与类型。就维持某一物种有效种群而言，低质量的资源比高质量资源需要更大的面积。

自然保护区的大小应该考虑到干扰与环境变化的作用，特别是全球变暖对自然保护区的影响。一个自然保护区的重要程度往往随面积的增加而提高，同时自然保护区的大小也关系到生态系统能否维持正常功能。

第四，自然保护区的功能区划。对自然保护区实行分区管理，既能有效保护好保护区的主要保护对象，又能够合理、科学地利用自然保护区的资源，促进地方经济发展。参照联合国人与生物圈保护区的保护区功能分区，按照科学性原则、针对性原则和协调性原则，我国自然保护区一般由内向外分为核心区、缓冲区和实验区三种功能区。对于湿地生态系统类型自然保护区，由于其特殊性，为提高其功能区划的科学性和协调性，可以将其划分为核心区、季节性核心区和实验区。核心区是保存完好的自然生态系统、珍稀濒危野生动植物和自然遗迹的集中分布区。缓冲区是位于核心区外围，用于减缓外界对核心区干扰的区域。实验区位于核心区或缓冲区之外，可用于实现生态旅游、科学实验和资源持续利用等功能的区域。另外，实验区中需要加以特殊保护的地段，应参考缓冲区的管理方式予以管理，必要时应建立适应生物移动或居住的通道即生物廊道（biological corridor），将自然保护区之间或与之隔离的其他生境相连。虽然建立廊道的思想直观上看起来很诱人，但是存在有利于病虫害和疾病侵入并迅速扩散、动物沿廊道迁移易被捕猎、费用昂贵等潜在不足。

第五，自然保护区的管理与评价。在自然保护区的管理方面，生物资源和自然环境管理是自然保护区管理的核心任务，直接关系到整个自然保护区的生存和价值，具体包括保护区边界确定、资源保护、灾害预防和环境改造；行政与后勤管理是自然保护区有效管理的保障，要在一定的规章约束下充分调动相关人员的积极性；科研和监管管理涉及面广，研究层次不同，管理上存在一定难度；居民生产生活的管理是自然保护区需要做好的一项重要工作，每个自然保护区应根据自身的具体情况，认真研究，找出既能帮助提高当地居民生产生活水平，又可与自然保护区资源和环境相协调的良好途径；参观者的管理主要是积极引导参观人员在开放区域按照规定进行相关活动，避免对自然保护区内的物种带来危害。

3. 迁地保护

自然选择择优汰劣，保持着野生状态下物种的活力。将物种作为生物圈中的一个有生存力的物种保护，是最有效的保护。事实上，尽管人们付出了极大的努力，在全球变化的大背景下，许多物种仍丧失了在野生环境中的生存能力。近 3000 种鸟类和兽类只有在迁地保护下才能生存。就地保护（on site conservation）和迁地保护（off site conservation）是物种保存的两种形式。就地保护指在原来生境中对濒危动植物实施保护，迁地保护指将濒危动植物迁移到人工环境中或易地实施保护。随着人口增长，野生生物生存空间日益缩小，越来越多的野生生物将需要人类的协助才能生存。

第一，迁地保护的意义与原则。物种在野生状态下即将灭绝时，迁地保护无疑是最后一套保护方案。目前，许多物种只有在维持野生种群的同时维持一个人工保护的迁地种群，才能保证物种不会灭绝。

迁地保护种群具有如下作用：①在生物学和社会生物学基础研究中，作为野生个体的代用材料；②取得管理野生种群的经验；③作为补充野生种群的后备基因库；④为那些野外生境不复存在的物种提供最后的生存机会；⑤为在新的生境中创建新的生物群落提供种源。

IUCN 建议，当一个濒危物种的野生种群数量低于 1000 只时，应当将人工繁育、迁地保护作为保护该物种的一项措施。经过科学论证后，在可靠的前提下，必要时交由人工繁育个体和野生个体。目前，迁地保护手段常常是等到物种的数量极低，濒临灭绝时才应用。

第二，动物园、水族馆和植物园。动物园、水族馆和植物园肩负着相似的使命，即展示、保存、繁育动物和植物个体。这些机构既是物种的迁地保护场所，也是对公众进行生物多样性和自然保护教育的基地。

动物园可以成为重要的濒危个体的保育场所。动物园在公共教育、濒危动物迁地保护中的作用已经引起人们的重视。现代动物园的角色从展示动物的场所开始转化为保存、繁育动物的基地，成为生物多样性保护的重要场所，肩负着野生动物迁地保护、开展与野生动物有关的科学研究及向公众进行保护野生动物科普宣传教育三项使命。

植物园的最初使命是搜集、培育珍稀植物。除了栽培植物，许多国外植物园也保存了相当数量的种子，保存了栽培植物的种源。其中有些植物园专门搜集当地某一类型的植物，许多植物园除了活的植物外，还藏有许多蜡叶标本。保护珍稀濒危植物正式成为植物园一项重要的职责。

第三，种子库和基因资源库。除了将濒危物种迁地保护，或迁入人工生境进行保护，对濒危物种的遗传资源，如种子、精液、胚胎及菌株等，也能进行长时期的保存。当然，这种保存涉及采集、启用等一系列环节。大多数植物种子在冷藏条件下保存了相当长时间后，仍具有萌芽生长能力。人们利用种子的这一特征，在全球建立了大型种子库。我国也建立了亚洲最大的中国西南野生生物种质资源库，也是亚洲最大的野生生物的种质资源库。

建立基因资源库（Genome Resource Bank），有组织地搜集、储存和利用生物组织，将生物的遗传物质和细胞置于 -196 ℃液氮环境中长期保存。基因资源库只是一种保护手段，不能取代就地和迁地保护的种群，但利用基因资源库保存野生生物遗传物种仍具有重要意义。

4. 遗传多样性保护

生物多样性的研究至少包括三个不同的层次：分子水平、种群水平和群落水平。在分子水平上的生物多样性一般称为遗传多样性。不同物种具有不同的遗传组成和独特的基因库，物种的多样性取决于其携带的遗传信息的复杂性、多样性。同时，遗传多样性是物种适应环境变化所必须的，是生物进化的物质基础。遗传多样性的研究和保护不仅可以揭示物种起源与进化的历史，为物种分类、进化研究提供有力证据，还可为保护区规划，遗传资源的保存及遗传育种和改良等工作提供理论基础。

（1）遗传多样性的概念。

广义的遗传多样性是指所有生物所携带的遗传信息的总和，通常谈及生态系统多样性或物种多样性时也就包含了各自的遗传多样性。而我们一般谈到的作为生物多样性一个重要层次的遗传多样性所指的是狭义的种内不同种群之间或一个种群内不同个体之间的遗传变异的总和。《全球生物多样性策略》中定义“遗传多样性是指种内基因的变化，包括同种显著不同的群体间或同一群体内的遗传变异”。

物种内的多样性是物种以上各水平多样性的重要来源，遗传变异、生活史特征、种群动态、遗传结构等决定或影响着一个物种与其他物种及环境之间相互作用的方式，而且种内遗传多样性是一个物种对外界干扰能否成功地反应的决定性因素。种群内的遗传多样性反映了物种的进化潜力，物种的遗传多样性越丰富，对环境的适应性就越广。

（2）遗传多样性的表现形式。

本质上说，遗传多样性都是进化过程中由各原因引起的，发生在物种基因组分子中DNA 排列顺序的变化，但遗传多样性的表现形式却有如下四种：①个体外部形态上的差异，如豌豆种皮的颜色、鸡冠的形状、人类的肤色等；②细胞水平上的染色体倍性、数目、结构的差异，如多倍体、单体、三体等；③生理、生化水平上的差异，如光合作用的途径和强弱、酶活性的高低及等位酶谱带的差异等；④分子水平上的差异，如DNA 序列的变化、DNA 甲基化的差异等。

值得注意的是，遗传多样性仅指可遗传的变异，那些由于发育或环境条件改变所引起的表型或生理代谢途径的改变应排除在遗传多样性范畴之外。

（3）遗传多样性的来源。

突变是遗传多样性的最根本来源，然而遗传重组也能产生新的基因组合。种内遗传变异的来源主要有遗传重组、染色体畸变和基因突变。新的变异可以看作是变异积累的结果，在自然选择的背景下，大量的与环境不适应或有严重缺陷的突变体被淘汰出群体，而那些对选择有益的突变，则由于能够增加有机体生存和繁殖的能力而得以积累和保留。另外的一些中性突变则随机地被整合到种群的基因库中。

第一，遗传重组（genetic recombination）。遗传重组是生物界有性生殖物种普遍存在的遗传现象。重组是通过有性生殖将群体中不同个体具有的变异进行重新组合，形成新的变异的过程。在生殖细胞形成时通过减数分裂形成了配子，雌雄配子随机结合完成受精过程组成了具有不同遗传特征的合子。由于所形成配子的多样性及配子结合的随机性，这种方式所形成的合子发育成新个体的遗传组成与其系代及所有同种生物其他个体之间产生差异，这是一个非常重要的遗传现象。作为遗传物质的载体——染色体，在这个过程中有两种变化形式。一种是 DNA 分子间没有发生物理交换；另一种是发生了物理交换，使遗传物质产生了新的排列组合。遗传重组的类型有很多，主要的有同源重组（homologous recombination）、位点专一性重组（site-specific recombination）、转座重组（transposition recombination）和异常重组（illegitimate recombination）四种类型。

从广义上讲，遗传重组包括任何造成基因型变化的基因交流过程，这个过程在生物界是一种普遍现象。对异体受精的生物来说，绝大部分的基因型变异是多代以来存在于群体内基因的相互分离和重组的结果。重组过程不仅能产生大量新的变异，而且产生变异的速度要比突变更快。通过重组，生物体获得了遗传多样性，加快了对环境的适应能力和生物进化的进程。

第二，染色体畸变（chromosomal aberration）。染色体是遗传物质的主要载体，每种真核生物中染色体数目是相对恒定的，都含有一套以上的基本染色体组（genome）。构成染色体组的若干个染色体在结构和功能上各有差异，但又相互协调，共同控制着生物的生长和发育。染色体结构、数目的稳定是保证物种遗传稳定性的基础。然而，染色体的稳定性也是相对的，生物体内外环境条件的影响有可能引起种内染色体结构、数目的变化。遗传学上将染色体结构或数目的改变称为染色体畸变。

染色体畸变分为结构变异和数目变异。染色体结构的变异包括缺失（deletion）、重复（duplication）、倒位（inversion）和易位（translocation），它们都是由染色体断裂引起的。染色体数目的变异分为两大分类：一种是染色体组数目的增减产生的变异，称为非整倍体（aneuploid）变异，包括单体（monosomic）、缺体（nullisomic）、双单体（double monosomic）、三体（trisomic）、四体（tetrasomic）和双三体（double trisomic）等。另一种种内染色体的整倍性变化在动物中并不常见，但在植物中却较为普遍，大多数有染色体资料的被子植物科都有一些种呈现种内多倍性。除了整倍性的变化之外，染色体数目的非整倍性变化在不少动植物中也是常见的现象。与染色体数目的多态性相比，染色体结构变异在种内更为常见。

染色体畸变是遗传变异的重要来源，许多物种，尤其是存在大量杂交、多倍化、单性生殖和营养繁殖的植物类群，染色体畸变十分常见。

第三，基因突变（gene mutation）。突变（mutation）是生物界较为普遍的一种遗传状态，一切能够通过复制而遗传的 DNA 结构和任何永久性改变都叫突变。突变可以发生在染色体水平上（染色体畸变），也可以发生于基因水平上。基因突变是指染色体上一个位点内遗传物质的变化。只要细胞仍然在生长、繁殖，就必然会有突变的发生，例如细菌的抗药性、玉米种子的颜色、黑腹果蝇的白眼性状等。

DNA 的复制错误、化学损伤及辐射、化学诱变剂等都可能引发基因突变。根据突变产生的原因，通常将突变分为自发突变和诱发突变两大类：自发突变（spontaneous mutation）是指在自然条件下发生的突变。自发突变一方面由外界环境条件对细胞或个体的影响所致，如个体生活的环境中各种辐射、化学诱变剂对遗传物质的损伤所导致的突变；另一方面由生物体内的生理代谢产生的自由基，过氧化物造成碱基的氧化、脱嘌呤、脱氨基等引起。同时，由于存在碱基异构互变效应，DNA 在复制过程中出现碱基配对错误也能导致突变。而另一大类诱发突变是指人工运用物理方法或化学诱变剂诱发的突变。高能量射线、紫外线照射及碱基类似物、烷化剂和吖啶类染料都能诱发遗传物质产生突变。诱发突变与自发突变的本质是相同的，只不过诱发产生突变的频率大大提高。

另一种分类方法是根据突变的分子基础，可以将基因突变分为碱基替换、移码突变和缺失突变等。

无论是自发突变还是诱发突变，不管引起突变的原因是什么、产生突变的过程有何不同，突变的结果在本质上都是一样的，即原来正常的DNA结构或序列发生了改变，使得遗传信息随之改变，其后果是影响了基因的正常功能，并以生物体各种表型性状特征、生理生化过程表现出来。

思考题：

（1）生物多样性包含哪些方面？

（2）物种多样性最丰富的两个系统是什么？

（3）小种群的概念是什么？

（4）就地保护和迁地保护的概念及各自优缺点分别是什么？

第二编　生态文明建设

生态文明建设，是我们党充分吸纳中华传统文化智慧并反思工业文明与现有发展模式不足，创造性地回答经济发展与环境关系问题所取得的重大成果。生态文明建设为统筹人与自然和谐发展指明了前进方向，是我们党对人类文明进程的重大贡献，也是我们党深刻把握当今世界发展绿色、循环、低碳新趋向，对可持续发展理论的拓展和升华。我国的生态文明理念在2013年被联合国环境规划署第二十七次理事会列入决定案文，标志着该理念引起了国际社会的关注。

本编内容在对我国生态文明建设概述基础上，对生态文明社会建设、循环经济和绿色发展、生态文明法律制度等进行了讲述。

第六章　生态文明建设概述

要点导航：

掌握我国生态文明建设提出的背景及生态文明建设的原则和目标。

熟悉我国生态文明建设的现状。

了解生态文明建设的战略任务和基本要求。

第一节　生态文明建设的理论基础

人类的生产活动与社会活动，如果处于一种非理性的、不清醒的、无远见的状态，那么它对自然的危害，迟早又会返还人类自身，最终可能导致人类的灭绝。在此种意义上去认识生态文明、去认识人与自然的关系，能为我们揭示出以下规律：一是人类不可能脱离自然规律的制约而独立存在，二是人类对自然的进化起到举足轻重的影响。基于以上两点去理解人类与自然的关系，体现出生态文明建设的自然属性。

一、生态文明的内涵

生态文明涉及生态与文明，生态指的是生物之间以及生物与环境之间的相互关系与存在状态，而文明是人类社会进步的标志，生态文明是生态与文明的有机结合，指的是人类在尊重自然规律的前提下，有计划地对自然环境进行有效的公共管理，协调人类与自然的关系，形成自然、社会、经济的可持续发展。

生态文明是经济社会发展到一定阶段的总体表象，也是现代文明的重要组成。生态文明就是要建设一种节约资源、保护环境的空间格局。它包含了四个方面的内容。

第一，以人与自然和谐的文化价值观：以对自然的保护提升到不以人类为中心的宇宙情怀及其内在的精神信念。

第二，在自然资源可持续的前提下，把生产模式转变为以生态产业为主：提倡循环发展、低碳发展和绿色发展。

第三，满足自身需要，又不损害自然环境的消费方式：既满足当代人的需要，又不损害后代人的需要；既满足自身的需要，又不损害环境的有限福祉的消费方式。

第四，建立一套完善的生态文明制度：这是生态文明建设的根本保障，需要对已有的制度进行改革、改变，形成适应生态文明理念要求的制度，让制度成为刚性的和不可触摸的高压线。

生态文明是一种全新的思想观念。生态文明的价值观认为不仅人是主体、有价值，自然也是主体、也有价值。人类、自然共同作为宇宙的成员，具有相互独立又相互依存的运行轨迹，人类违背自然规律去改变它，事实上是不可能的。因此，生态文明的价值观念已成为21世纪的先进理念和主流伦理。

二、生态文明的发展历程

生态文明作为社会发展到一定阶段的产物，也必定有一个认识的过程。生态文明是原始文明、农业文明、工业文明在纵向的延伸，是人类文明发展的一个新的阶段，是工业文明之后的一个文明形态。文明的每一次跃进其实都可以说是建立在两种基础之上：一是生产力的巨大提高和科学技术的巨大进步，二是人类认识自然和改造自然能力的巨大提高。

（一）原始文明

大约在公元前200万年至公元前1万年原始文明是人类文明的开端。在原始文明阶段，人类以采集和狩猎为主要的生产方式，从自然界获取生存资源。日出而作，日落而息，靠山吃山，靠海吃海。由于原始人类的物质和精神的生产力比较低下，人类对自然的认知与改造很有限，人类把自然视为威力无穷的主宰者，不可触犯，对于自然的破坏还十分有限。在这种情况下，人与自然的关系表现为人崇拜自然、敬畏自然；人与人以群居的方式保证自己的生存生活，不存在等级和性别的歧视。

（二）农业文明——“黄色文明”

随着生产力的提高和人口的增加，人类进入了农业文明，该时期大约在公元前1万年至公元18世纪之间。人类不再满足于对自然的原始索取方式，生产工具以铁器为主，生产力取得了长足的进步，农耕和畜牧业获得了长足的发展，人类完成了从食物采集者到食物生产者的转变，因此人与自然的关系也有了一定的改变，人由敬畏自然和崇拜自然变为适应自然和顺应自然，处于基本和谐的关系，但也存在隐患。由于生产力水平的低下和对自然认知的不足，人类为满足自身需要，采取了一些极端的方式，如开荒焚林、大范围捕杀野生动物等，对自然环境造成了不可修复的破坏。自然界的应激也随即而来，旱涝、山洪、泥石流等自然灾害时有发生，一些文明也因此衰落甚至灭亡。

（三）工业文明——“黑色文明”

工业文明建立在工业经济基础上，是以工业发展为特征的人类社会进步形态，大约始于1760年。工业革命从过去发展到今天，虽然只有短短的200多年时间，但在开发和改造自然方面的成就远远超过了过去一切时代的总和。由于机器的大量使用以及科学技术的巨大进步，人与自然保持的平衡关系被打破。人与自然的关系发生了明显的变化，过分强调人主宰自然和征服自然、强调人的主体性和主观能动性，而忽视了人与自然的辩证统一的关系。这种盲目自大的思想导致的后果就是人类过分追求经济的发展而对生态系统破坏的视而不见，引发了一系列的环境问题，导致环境危机。而这些后果其实违背了当初敬畏自然和适应自然的初衷，致使工业文明陷入不可自拔的危机之中，警钟已经敲响。

200多年的工业文明以人类征服自然为主要特征。世界工业化的发展使征服自然的文化达到极致，一系列全球性的生态危机说明地球或许没有能力支持工业文明的继续发展，需要开创一个新的文明形态来延续人类的生存，生态文明应运而生。

三、生态文明建设提出的背景

党的十八大之所以把生态文明建设纳入社会主义现代化建设总体布局，以独立篇章全面加以论述，并把生态文明建设提升到战略层面，主要是基于以下几点原因。

（一）生态文明建设提出的时代背景

当今世界的发展实践和发展理念是提出生态文明建设的时代背景，自1972年联合国人类环境会议以来，人们已经逐渐意识到传统发展模式所带来的危害，全球生态恶化已经成为一个不争的事实，全世界联合起来拯救地球成为共识。生态文明、生态保护、低碳生活成为全球性话语，当今世界已经开始迈向生态文明时代。

在过去数百年间，西方发达国家走的是先浪费后节约、先污染后治理的现代化道路，但是我们不能再走那样的弯路，这条路是一条发展的死路。当今的工业化国家，人口仅占世界的15%，而工业化进程中却消耗了世界60%的能源和40%的矿产资源。中国人口占世界的22%，如果走西方的工业化道路，是根本不可能找到足够的资源的。专家测算表明，如果中国也像美国那样实现工业化，那么三个地球的资源也不够用。

（二）生态文明建设的现实基础

十八大报告在论述生态文明建设时指出："面对资源约束趋紧、环境污染严重、生态系统退化的严峻形势，必须树立尊重自然、顺应自然、保护自然的生态文明理念，把生态文明建设放在突出地位，融入经济建设、政治建设、文化建设、社会建设各方面和全过程。"其中资源约束趋紧、环境污染严重、生态系统退化的严峻形势是十八大提出生态文明建设的现实国情。

从资源来讲，我国并不是一个"地大物博"的国家。国土面积的65%是山地或丘陵，70%每年受季风的影响，33%是干旱或荒漠地区，55%不适宜人类生产或生活。资源相对紧缺，耕地、淡水、能源、铁矿等主要资源的人均占有量不足世界平均水平的1/4～1/2。因此，我国的现状是一方面资源短缺，另一方面却存在资源浪费的现象。

与此同时，环境质量不容乐观，土地沙化、草原退化、河流的水功能严重失调，特大洪涝灾害频繁；土壤污染、危险废物、空气污染、持久性有机污染物等污染持续增加。我国已进入污染事故多发期和矛盾凸显期，资源浪费和短缺、环境破坏已经成为制约经济社会可持续发展的瓶颈因素。

中国的社会主义现代化，已经不具备西方工业化初期的发展环境，所面临的资源约束和环境挑战比任何一个大国在工业化过程中所遇到的都更加严峻。如果不加快产业结构调整，不改变“高消耗、高排放、难循环、低效率”的增长模式，将导致资源支持不住、环境容纳不下、社会承受不起、经济发展难以为继。十八大将生态文明建设纳入社会主义建设总体布局，就是要从源头扭转生态环境恶化趋势，为人民创造良好生产生活环境，努力建设美丽中国，实现中华民族永续发展。

（三）生态文明建设的社会需要

把生态文明建设纳入总体布局代表了人民群众的根本利益和共同愿望，充分体现了中国共产党以人为本、执政为民的理念。随着生活水平的不断提高，人们经历了从求温饱到盼环保、从谋生计到保生态的转变，生态文明建设则顺应了人民群众渴望提高生活品质、希望呼吸清新的空气、喝上干净的水、拥有宜居的环境、吃上放心的食品的美好期待。

在发展过程当中，我们部分地区在因 GDP 增长而物质生活大大改善的同时，也品尝到对 GDP 过度崇拜所引致的苦果，大气污染、重金属污染、水资源污染、土壤污染已经成为致病的主要因素。随着环境的破坏、污染的加重，人们的环境焦虑、生态期盼随着经济指数的攀升而日益凸显。生态文明建设是对民意的回应，未来发展将更加重视民生福祉、更加重视社会公正、更加重视幸福感受。

四、生态文明建设的重要意义

（一）经济发展与社会和谐

生态文明建设不是要阻碍发展，而是强调要在保护生态环境的前提下实现发展，是为了实现长远的发展；生态文明建设强调关系“人民福祉”，要“为人民创造良好生产生活环境”“给子孙后代留下天蓝、地绿、水净的美好家园”；生态文明建设强调要促进经济发展和人口、资源、环境、社会相协调，统筹自然资源的永续利用和社会的协调发展，反映了人与人以及人与自然之间关系的和谐。

（二）推动中国社会发展

生态文明既是生产领域的文明，更是生活领域的文明。生态关系人人，人人必须保护生态。十八大报告突出了中国生态问题的严重性，强调建设生态文明的迫切性，提出要“加强宣传教育，增强全民节约意识、环保意识、生态意识，形成合理消费的社会风尚，营造爱护生态的良好风气”。这是全社会范围内的一次建设生态文明的总动员，必将提高全民族的生态意识，促使全体民众进一步转变生活观念、生活方式，形成从我做起、绿色消费、低碳生活的良好社会风尚。

伟大的实践需要有科学的理论来指导。生态文明建设的提出非常及时，它既是实践发展的结果，同时也是实践进一步发展的需要。它会使我们静下心来梳理和解决前进过程中出现的问题，为我们的经济、政治、文化、社会永续发展提供载体，必将使美丽中国变成现实。

第二节　生态文明建设的原则和目标

习近平总书记在庆祝改革开放40周年大会上指出，我们要加强生态文明建设，牢固树立“绿水青山就是金山银山”的理念，形成绿色发展方式和生活方式，把我们伟大祖国建设得更加美丽，让人民生活在天更蓝、山更绿、水更清的优美环境之中。在全国生态环境保护大会上，习近平总书记提出了新时代推进生态文明建设必须坚持的六项重要原则，我们要认真学习贯彻习近平生态文明思想，全面贯彻落实党中央决策部署，推动我国生态文明建设迈上新台阶。

一、生态文明建设的六项原则

（一）坚持人与自然和谐共生

良好的生态环境是人类文明存在和发展的环境与物质基础。生态与文明兴衰的历史规律是不以人的意志为转移的，历史上的众多文明古国都发源于生态良好的地区，却随着生态恶化的加剧而衰落，这绝不是偶然，恩格斯就指出“美索不达米亚、希腊、小亚细亚以及其他各地的居民，为了得到耕地，毁灭了森林，但是他们做梦也想不到，这些地方今天竟因此而成为不毛之地”。自然生产力是社会生产力的前提与基础，没有生态自然的宝贵财富，一切社会生产活动根本无法开展，其他一切人类财富都是无本之木、无源之水。

习近平总书记强调，“生态兴则文明兴，生态衰则文明衰”。这不仅是对文明发展历史规律的深刻总结，更彰显了对人类前途命运的深远把握。生态文明以人与自然和谐发展为本，以经济、社会、人口和自然协调发展为准绳，以资源的循环和再生利用为手段，所倡导的是以资源的合理利用和再利用为核心的循环发展模式，以生态学规律来指导人们的经济活动。从根本上解决人类文明发展同自然环境恶化之间的矛盾，克服工业文明的弊端，是未来人类永续发展的必然选择。

坚持人与自然和谐共生，坚持节约优先、保护优先、自然恢复为主的方针，像保护眼睛一样保护生态环境，像对待生命一样对待生态环境，让自然生态美景永驻人间，还自然以宁静、和谐、美丽。

（二）绿水青山就是金山银山

马克思认为，人与自然是辩证统一的关系，“我们连同我们的肉、血和头脑都是属于自然界，存在于自然界的”，人通过实践构成了自然—人—社会的有机整体，人应尊重自然、顺应自然，实现人与自然的和谐发展。

改革开放以来，我国经济社会发展取得重大成就的同时也造成不可忽视的环境问题。习近平总书记指出“我们追求人与自然的和谐、经济与社会的和谐，通俗地讲就是要‘两座山’：既要金山银山，又要绿水青山，绿水青山就是金山银山”，并强调“我们绝不能以牺牲生态环境为代价换取经济的一时发展”。习近平总书记还对“两山论”进行了深入分析，并指出，在实践中对绿水青山和金山银山这“两座山”之间关系的认识经过了三个阶段：第一个阶段是用绿水青山去换金山银山，不考虑或者很少考虑环境的承载能力，一味索取资源；第二个阶段是既要金山银山，但是也要保住绿水青山，这时候经济发展和资源匮乏、环境恶化之间的矛盾开始凸显出来，人们意识到环境是我们生存发展的根本，要留得青山在，才能有柴烧；第三个阶段是认识到绿水青山可以源源不断地带来金山银山，绿水青山本身就是金山银山，我们种的常青树就是“摇钱树”，生态优势变成经济优势，形成了浑然一体、和谐统一的关系，这一阶段是一种更高的境界。

习近平总书记的“两山论”为走经济社会发展与环境保护双赢的发展道路指明了方向。以绿水青山为代价盲目换取金山银山的行为是竭泽而渔式的不可持续发展，终将伤害人类自身。绿水青山与金山银山是既矛盾又统一的概念，可以通过绿色可持续发展实现合理转化。习近平总书记的“两山论”就是对如何把握经济社会快速发展与维持自然生态良好平衡的理性考量，为新时代正确处理经济发展与环境保护的关系指明了方向，提供了宝贵理论财富。我们要以此为原则，牢固树立保护生态环境就是保护生产力、改善生态环境就是发展生产力的理念，更加自觉地推动绿色发展、循环发展、低碳发展。

（三）良好生态环境是最普惠的民生福祉

党的十八大以来，以习近平同志为核心的党中央在治国理政实践中，把增进人民福祉、满足人民切身利益作为经济社会发展的出发点和落脚点，推动我国社会主义现代化建设迈上新台阶。党的十九大报告指出：“既要创造更多物质财富和精神财富以满足人民日益增长的美好生活需要，也要提供更多优质生态产品以满足人民日益增长的优美生态环境需要。”随着经济社会不断发展，人民群众对良好生态环境的渴望日益迫切，希望呼吸的空气能更新鲜一点，流淌的河水能更清澈一点，城市的绿地能更多一点。

习近平总书记指出：“生态环境是关系党的使命宗旨的重大政治问题，也是关系民生的重大社会问题。”良好的生态环境是最公平的公共产品，是最普惠的民生福祉。改革开放以来，我们在经济建设取得巨大成就的同时，也面临着亟待解决的生态问题。党中央高度重视生态文明建设，从理念规划、统筹布局、具体行动、制度设计等方面全面加强生态环境保护，在环境治理与改善中满足民众的生态诉求，使民众在生态文明建设中的幸福感、满足感、归属感进一步加强，切实践行着“走向社会主义生态文明新时代，为人民创造良好生产生活环境”的庄严承诺。

（四）山水林田湖草是生命共同体

2017 年 7 月 19 日，中央全面深化改革领导小组第三十七次会议审议通过了《建立国家公园体制总体方案》，在“山水林田湖”的基础上，将“草”纳入其中，形成更加全面、系统的共同体，即“山水林田湖草是一个生命共同体”。党的十九大报告强调，统筹山水林田湖草系统治理。

“山水林田湖草是生命共同体”，强调了各生态要素之间的相互影响、相互作用，彼此是不可分割的整体。生命共同体并不局限于山水林田湖草本身，更是山水林田湖草所指代的更广泛的自然环境，人与自然环境构成唇齿相依的关系。习近平总书记强调，环境治理是一个系统工程，必须作为重大民生实事紧紧抓在手上。要按照系统工程的思路，抓好生态文明建设重点任务的落实，切实把能源资源保障好、把环境污染治理好、把生态环境建设好，为人民群众创造良好生产生活环境。要综合运用经济、技术和行政等多种手段，对自然环境进行预防、保护、治理和修复，对山水林田湖草等生态资源进行综合保护与修复，不断增强生命共同体的协同力和活力。还要充分认识到人与自然生命共同体组成了相互依存、不可或缺的共生共荣关系。

山水林田湖草是一个生命共同体，人的命脉在田，田的命脉在水，水的命脉在山，山的命脉在土，土的命脉在树。山水林田湖草是生命共同体，要统筹兼顾、整体施策、多措并举，全方位、全地域、全过程开展生态文明建设。

（五）用最严格的制度、最严密的法治保护生态环境

习近平总书记指出："只有实行最严格的制度、最严密的法治，才能为生态文明建设提供可靠保障。"党的十八届三中全会围绕加快生态文明制度建设进行了专门部署。党的十八届五中全会提出实行最严格的耕地保护制度，完善健全环境治理体系。党的十九大报告指出，改革生态环境监管体制，加强对生态文明建设的总体设计和组织领导，设立国有自然资源资产管理和自然生态监管机构，完善生态环境管理制度，统一行使全民所有自然资源资产所有者职责，统一行使所有国土空间用途管制和生态保护修复职责，统一行使监管城乡各类污染排放和行政执法职责。

党的十八大以来，在以习近平同志为核心的党中央领导下，我国生态文明建设成效显著，美丽中国建设迈出重要步伐。但不容忽视的是，我国生态环境保护中仍存在一些问题。要加快制度创新，增加制度供给，完善制度配套，强化制度执行，让制度成为刚性的约束和不可触碰的高压线。要加强生态文明宣传教育，推动生态法治意识深入人心，营造爱护生态环境的良好风气，保证党中央关于生态文明建设决策部署的落地生根见效。

（六）共谋全球生态文明建设

人类只有一个地球，各国共处一个世界。习近平总书记指出，"人类已经成为你中有我、我中有你的命运共同体，利益高度融合，彼此相互依存"。当前，经济全球化与国际交流合作的日益深入使得全人类的命运紧紧连在了一起，任何地区的生态问题都值得全球重视，任何一个国家和地区都没有能力独自应对日益严重的生态问题。因此，加强环境治理国际交流与合作是人类面对未来环境问题的必然选择。应对气候变化、环境污染等问题，必须加强国际合作，在本国发展的同时要兼顾他国的利益，共同打造维护人类共同栖居的美好家园。

习近平总书记指出，"保护生态环境，应对气候变化，维护能源资源安全，是全球面临的共同挑战。中国将继续承担应尽的国际义务，同世界各国深入开展生态文明领域的交流合作，推动成果分享，携手共建生态良好的地球美好家园"。党的十八大以来，我国顺应时代发展潮流，在解决国内环境问题的同时，深度参与全球生态环境治理，积极引导应对气候变化的国际合作，为解决世界性的生态危机提供了中国智慧，贡献了中国力量，成为全球生态文明建设的重要参与者、贡献者、引领者。我们要以习近平生态文明思想为指导，切实把党中央关于生态文明建设的决策部署落到实处，为建设美丽中国、维护全球生态安全做出更大贡献。

二、构建生态文明体系

构建生态文明体系是建设生态文明的重大发展战略，深入回答了建设什么样的生态文明、怎样建设生态文明的问题，描绘出建设美丽中国的基本路径。

（一）以生态价值观念为准则的生态文化体系

文化具有涵养、熏陶、滋润、教化、感召等作用。文化的核心是价值观，生态文化是生态文明体系的精神灵魂，其核心是生态价值观念。生态文化体系包括倡导生态利益最大化的生态理性，人与自然和谐共生的生态意识，天地人和谐统一的生态思维，尊重自然、顺应自然、保护自然的生态价值观念，热爱自然、珍爱生命、像对待生命一样对待生态环境的生态伦理，懂得并欣赏大自然美丽的生态审美趣味等。生态文化是生态文明建设的灵魂，只有当绿色、环保、节约的文明消费模式和生活方式的理念深入人心，绿色生活方式成为习惯，生态文化才能真正发挥出它的作用，生态文明建设就有了内核。

（二）以产业生态化和生态产业化为主体的生态经济体系

生态经济体系是生态文明体系的物质基础。以生态思维为指导促进产业与生态的融合，构建尊重自然、绿色发展的生态经济体系。生态经济是环保经济、低碳经济、绿色经济、循环经济，可实现经济发展与生态环境的良性循环。绿色发展是构建高质量经济体系的必然要求，是从源头解决污染问题的根本之策。要严格遵循绿色、循环、低碳的发展原则，推动产业结构转型升级，壮大节能环保产业、清洁生产产业、清洁能源产业和低碳环保产业；发展高效生态农业，构建新型农业经营体系，构建高产、优质、高效、生态、安全的农业生产技术体系；倡导生态设计，推进工业绿色化，大力发展绿色制造业，发展节能低碳环保的新产业、新业态、新模式，大力发展循环经济、绿色金融和生物技术、信息技术等生态产业。

生态经济体系是生态文明建设的物质基础。习近平总书记指出，要加快建立健全“以产业生态化和生态产业化为主体的生态经济体系”；绿水青山就是金山银山；保护生态环境就是保护生产力，改善生态环境就是发展生产力；让生态优势变成经济优势，形成一种浑然一体、和谐统一的关系。

（三）以改善生态环境质量为核心的目标责任体系

目标责任体系是生态文明体系的价值导向，科学的目标责任体系可引导生态文明建设取得实效。要建立、健全以改善生态环境质量为核心的责任体系，制订具体明确的责任清单，把责任分解落实到位；完善评价考核体系，把资源消耗、环境损害、生态效益等指标纳入评价考核体系，建立体现生态文明要求的目标体系、考核办法、奖惩机制；建立严格的责任追究制度，依法依规追究责任；加快生态文明法规建设，加大法律执行力度，使落实目标责任成为常态，用科学严密、系统完善的法律制度体系为改善生态环境保驾护航，用最严格的法律制度“护蓝”“增绿”。

要建立责任追究制度，特别是对领导干部的责任追究制度。对造成生态环境损害负有责任的领导干部，不论是否已调离、提拔或者退休，都必须严肃追责。决不能让制度规定成为“没有牙齿的老虎”。

（四）以治理体系和治理能力现代化为保障的生态文明制度体系

制度体系是生态文明体系的根本制度保障。社会行为是制度安排的结果，生态文明建设需要制度体系支撑。要建立自然资源产权制度，使所有权人权益得到落实和有效实现；健全自然资源资产用途管制制度，合理引导、规范和约束各类开发利用保护行为；健全自然资源资产管理体制，科学编制自然资源资产负债表，用于领导干部的离任审计；建立排污许可证制度，对污染源和污染物进行有效控制；建立排污总量控制制度，有效降低环境压力；建立区域联防联动机制，提升环境治理整体水平；建立环保督察制度，解决中央决策部署落实问题。

保护生态环境必须依靠制度、依靠法治。只有实行最严格的制度、最严密的法治，才能为生态文明建设提供可靠保障。

（五）以生态系统良性循环和环境风险有效防控为重点的生态安全体系

生态安全体系是生态文明体系的自然基础，生态安全才有社会安全。要坚持节约优先、保护优先、自然恢复为主，实施山水林田湖草系统保护修复工程，提升自然生态系统稳定性和生态服务功能，筑牢生态安全屏障；在重要生态功能区、陆地和海洋生态环境敏感区、脆弱区，划定并严守生态红线，构建科学合理的生态安全格局；建立生态补偿政策，使生态产品提供区域和个人得到合理补偿；建立监测预警体系，提高生态环境质量预防和污染预警水平，有效防范生态环境风险。

生态安全关系人民群众福祉、经济社会可持续发展和社会长久稳定，是国家安全体系的重要基石。建立生态安全体系是加强生态文明建设的应有之义，是必须守住的基本底线。

新时代推进生态文明建设，重在构建生态文明体系。生态文明的“五大体系”，不但为美丽中国建设提供伟大力量，也为构建人类命运共同体贡献了思想和实践的“中国方案”。建设美丽中国是工业文明到生态文明的文明形态转型，需要包括上述五大体系在内的生态文明体系架构支撑，这是习近平总书记阐述的美丽中国建设的重要内容，意义重大而深远。因为环境问题的本质是高资源消耗、高污染排放的经济发展方式问题，表现在产业结构、资源环境效率等方面。构建以产业生态化和生态产业化为主体的生态经济体系，是将生态文明要求融入经济体系的具体任务，也是解决生态环境问题的根本出路。

三、生态文明建设的阶段目标

习近平总书记强调，要通过加快构建生态文明体系，确保到 2035 年，生态环境质量实现根本好转，美丽中国目标基本实现。到 21 世纪中叶，物质文明、政治文明、精神文明、社会文明、生态文明全面提升，绿色发展方式和生活方式全面形成，人与自然和谐共生，生态环境领域国家治理体系和治理能力现代化全面实现，建成美丽中国。

为实现生态文明建设的阶段目标，当前最重要的是压实各方责任，实施党政同责、一岗双责。统筹推进“五位一体”总体布局，将生态文明建设要求融入政治建设，其中的要义之一就是要严格考核、严格问责，将生态环境考核结果作为干部奖惩和提拔使用的重要依据。

四、生态文明建设的民生优先领域

生态环境是关系民生的重大社会问题。广大人民群众热切期盼加快提高生态环境质量。为了回应人民群众所想、所盼、所急，重点应放在哪儿？习近平总书记在全国生态环境保护大会上强调：将解决突出生态环境问题作为民生优先领域，坚决打好污染防治攻坚战，推动生态文明建设迈上新台阶。

生态环境是人类和社会赖以生存和发展的物质基础，没有好的生态环境，人类就没有幸福，没有美好的物质生活、政治生活和精神生活。生态兴则文明兴，生态衰则文明衰。所以建设生态文明，需要把建设良好的生态环境放到重要位置。

（一）坚决打好“三大战役”

坚决打赢蓝天保卫战是重中之重，要以空气质量明显改善为刚性要求，强化联防联控，基本消除重污染天气，还老百姓蓝天白云、繁星闪烁。

要深入实施水污染防治行动计划，保障饮用水安全，基本消灭城市黑臭水体，还给老百姓清水绿岸、鱼翔浅底的景象。“打好碧水保卫战，在攻坚目标上，强调保好水、治差水，保障群众饮水安全，守住水环境质量底线。”在攻坚举措上，强调减排和扩容两手发力。一手抓工业、农业、生活三大类污染源整治，大幅减少污染物排放；一手抓水生态系统整治，有效扩大水体纳污和自净能力。

要全面落实土壤污染防治行动计划，扎实推进净土保卫战，重点是防控环境风险。“紧紧围绕改善土壤环境质量、防控环境风险目标，打基础、建体系、守底线。”全面落实土壤污染防治行动计划，采取推进受污染耕地安全利用、严格建设用地用途管制、加快推进垃圾分类处置、全面禁止洋垃圾入境等措施，突出重点区域、行业和污染物，有效管控农用地和城市建设用地土壤环境风险，让老百姓吃得放心、住得安心。要持续开展农村人居环境整治行动，打造美丽乡村，为老百姓留住鸟语花香田园风光。

到 2020 年，全国 $PM_{2.5}$未达标地级及以上城市比 2015 年下降 18% 以上，地级及以上城市空气质量优良天数比率达到 80% 以上；全国地表水一至三类水体比例达到 70% 以上，劣五类水体比例控制在 5% 以内；近岸海域水质优良（一、二类）比例达到 70% 左右；受污染耕地安全利用率达到 90% 左右，污染地块安全利用率达到 90% 以上。

（二）坚决打好“七大标志性战役”

着力解决一批群众反映强烈的突出生态环境问题，取得扎扎实实的成效。“七大标志性战役”包括蓝天保卫战、柴油货车污染治理、水源地保护、黑臭水体治理、长江保护修复、渤海综合治理、农业农村污染治理攻坚战。以京津冀及周边、长三角、汾渭平原等重点区域为主战场，以秋冬季、采暖期为重点时段，强化区域联防联控，加大产业结构、能源结构、运输结构和用地结构的调整优化力度，进一步明显降低 $PM_{2.5}$浓度。

打好柴油货车污染治理攻坚战。坚持“车油路企”统筹，全面开展清洁柴油车行动、清洁油品行动、清洁运输行动、清洁柴油机行动四大攻坚行动。

打好水源地保护攻坚战。划定饮用水水源保护区，设立保护区边界标志，清理整治饮用水水源保护区内的违法问题，全面提升饮用水水源地的水质安全保障水平。

打好城市黑臭水体治理攻坚战。推进城市环境基础设施建设，开展城市黑臭水体整治监督检查，督促地方建立长效机制，确保黑臭水体长治久清。

打好长江保护修复攻坚战。以改善长江水环境质量为核心，坚持“减排、扩容”两手发力，扎实推进水资源合理利用、水生态修复保护、水环境治理改善“三水并重”。

打好渤海综合治理攻坚战。加强陆域污染治理、海洋生态保护、港航污染治理。

打好农业农村污染治理攻坚战。会同有关部门制订农业农村污染治理攻坚战作战方案，配合有关部门推进农村人居环境整治三年行动，加大农业面源污染防治监督指导力度，加强农村环境执法监管。

习近平总书记强调，打好污染防治攻坚战时间紧、任务重、难度大，是一场大仗、硬仗、苦仗，必须加强党的领导。各地区各部门要增强“四个意识”，坚决维护党中央权威和集中统一领导，坚决担负起生态文明建设的政治责任。地方各级党委和政府主要领导是本行政区域生态环境保护第一责任人，各相关部门要履行好生态环境保护职责，使各部门守土有责、守土尽责，分工协作、共同发力。要建立科学合理的考核评价体系，考核结果作为各级领导班子和领导干部奖惩和提拔使用的重要依据。对那些损害生态环境的领导干部，要真追责、敢追责、严追责，做到终身追责。要建设一支生态环境保护铁军，政治强、本领高、作风硬、敢担当，特别能吃苦、特别能战斗、特别能奉献。各级党委和政府要关心、支持生态环境保护队伍建设，主动为敢干事、能干事的干部撑腰打气。

党的十八大以来，党中央从建设生态文明是中华民族永续发展千年大计、根本大计的历史高度出发，着眼新时代我国社会主要矛盾变化，把握我国经济发展由高速增长阶段转向高质量发展阶段的基本特征，坚持人与自然和谐共生，坚决打好污染防治攻坚战，开展了一系列根本性、开创性、长远性工作。加快推进生态文明顶层设计和制度体系建设，加强法治建设，建立并实施中央环境保护督察制度，大力推动绿色发展，深入实施大气、水、土壤污染防治三大行动计划，率先发布《中国落实 2030 年可持续发展议程国别方案》，实施《国家应对气候变化规划（2014—2020 年）》，推动生态环境保护发生历史性、转折性、全局性变化。

建设生态文明是具有全局意义的战略部署，是一个长期奋斗过程，每个人都应该成为生态文明建设的践行者，为推进生态文明建设，实现美丽中国的目标贡献自己的绵薄之力。

第三节　生态文明建设的战略任务和基本要求

面对中国人口众多，资源短缺、环境恶化、生态脆弱的状况，我们必须开始生态文明建设。生态兴则文明兴，生态衰则文明衰。绵延 5000 多年的中华文明孕育了丰富的生态文化。建设生态文明，关系人民福祉，关乎民族未来。党的十八大把生态文明建设纳入中国特色社会主义事业“五位一体”总体布局，明确提出大力推进生态文明建设，努力建设美丽中国，实现中华民族永续发展。这标志着我们对中国特色社会主义规律认识的进一步深化，表明了我们加强生态文明建设的坚定意志和坚强决心。

一、生态文明的理念体系

生态文明是人类文明发展的一个新的阶段，即工业文明之后的文明形态。生态文明是人类遵循人、自然、社会和谐发展这一客观规律而取得的物质与精神成果的总和。生态文明是以人与自然、人与人、人与社会和谐共生、良性循环、全面发展、持续繁荣为基本宗旨的社会形态。生态文明的理念产生以来已经形成以下几个理念体系。

生态文明的自然观。人类要顺应自然，敬畏自然，保护自然，只有在人与自然和谐相处的过程中，才能实现人的全面发展。

生态文明的价值观。自然本身和人类一样具有价值，阳光、土地、海洋、江河、湖泊等都有价值，包括人类赖以生存的一切环境都有价值。这些资源都不是人类可以肆意掠夺和无休止使用的。

生态文明的财富观。生态文明的财富观认为农业文明是以土地资产为主流的财富观，工业文明是以有形和无形资本为主流的财富观，而生态文明则是要求以绿色财富为主流的财富观。绿色财富是指以资源安全、环境安全和社会安全为前提，有利于人与自然和谐发展的财富，具有生态性、和谐性、安全性、节约性和可持续性的特征，比如新鲜的空气、洁净的水、绿色的食品、宜居的环境，森林、湿地、草原等都是巨大的财富。按照世界银行衡量的新标准，绿色财富包括绿色人造资本、绿色自然资本和绿色人力资本：如环保节能建筑物、环保型交通工具是绿色人造资本；山清水秀、生态系统良性循环是绿色自然资本；德才兼备、有创新意识，受过良好的绿色教育，具备生态环保人格的绿色人才称为绿色人力资本。

生态文明的消费观。生态文明的消费观认为工业文明时代的生活方式是以物质主义为原则、以高消费为特征。生态文明的消费规则要求扩大“绿色文明”发展空间，倡导绿色消费。绿色消费要求消费无污染、质量好、有利于人类身心健康的产品，提供节能、环保、健康、安全、舒适的服务；要求转变消费观念、优化消费结构，形成生产、消费的良性循环；鼓励人们更加关注节约资源和保护环境，努力建设绿色家园。

二、生态文明建设的规划体系

优化国土空间开发格局，必须按照党的十八大报告提出的“人口资源环境相均衡，经济社会生态效益相统一的原则”，构建好生态文明建设的战略规划。

（一）科学实施主体功能战略

当前我国尚未确立国家主体功能区规划的战略地位和法律地位，尚未明确其与经济社会发展规划、区域发展规划、地方发展规划和各部门发展规划之间的关系，因此职责不明确、措施不到位等问题凸显。为此，国家应从宏观和战略层面进行统筹规划，以国家主体功能区规划为主导，理顺各规划之间的关系，使之便于在决策和操作层面落地见效，逐步形成人口、经济、资源环境相协调的空间开发格局。

（二）加强自然保护区的建设和管理

我国现有自然保护区2500余个，这些保护区的建立，有效地保护了我国的陆地生态系统类型、野生动物种群、高等植物群落、绝大多数珍稀濒危物种和重要自然遗迹。

但是需要注意的是，这些自然保护区大多数位于偏远地区，因此需要强化自然保护区的规划，建立保护制度，加大投入，协调各方利益，推进自然保护区的良性发展和可持续发展，这是生态文明建设的重要领域。

（三）保护好生态屏障

我国的生态屏障已经十分脆弱，必须加大力度进行规划和保护。我国荒漠化土地已占国土陆地总面积的27.3%，水土流失面积占国土面积的37%，滥捕乱杀野生动物的现象十分严重，屡禁不止，洪涝等各种自然灾害频发。面对土地荒漠化、水土流失、生物多样性破坏、气候变暖等一系列生态危机，保护生态屏障显得尤为迫切。

三、生态文明建设的产业体系

生态文明建设是转变我国经济发展方式的治本措施，是发展低碳技术、节能技术、循环经济、实现绿色发展的必由之路。

第一，国家层面要实施生态文明的战略工程。继续推动退耕还林，保护和发展森林资源；发展高效农业，推进绿色食品产业等级；保护和发展湿地草原；节能减排，发展低碳技术和循环经济；合理开发利用海洋资源，发展海洋经济；发展新能源、可再生能源等新兴产业，推动信息技术、生物技术、新材料技术的深度融合；同时注重生态服务业和生态产业的发展。

第二，国家层面要科学规划，合理布局生态文明产业的发展方向、目标和路径，避免造成新的浪费和损失。

四、生态文明建设的保障体系

生态文明建设是以人为本，促进人的全面发展，促进经济与人口、资源、环境协调发展的建设。因此，在市场经济条件下，政策法规的保障作用十分关键。

一是建立全覆盖、保基本、可持续、多层次的社会保障体系，这是人心和社会的稳定器。没有基本的社会保障，生态文明建设就会成为无源之水、无本之木。

二是建立政府主导、覆盖城乡、可持续的基本公共服务体系，这是生态文明建设的基础工程和基本条件。

三是建立生态文明建设的法律法规。从国家层面统筹考虑生态文明建设的法律制定，包括“生态文明法”“国家主体功能区规划”的立法以及自然保护区法律法规的修改等，形成从中央到地方配套的法律法规体系。

四是建立和完善生态文明建设的各项制度，包括耕地保护、水资源保护和环境保护制度，资源有偿使用制度，生态补偿制度，生态保护责任追究和环境损害赔偿制度，以及明确碳排放权、排污权等。

五、生态文明建设的评价体系

习近平总书记指出，只有实行最严格的制度、最严密的法制，才能为生态文明建设提供可靠保障。其中最主要的是要完善考核评价体系，把资源消耗、环境损害、生态效益等体现生态文明建设状况的指标纳入经济社会发展评价体系，使之成为推进生态文明建设的重要导向和约束。要建立责任追究制度，对那些不顾生态环境、盲目决策、造成严重后果的人，必须追究其责任，而且应该终身追究，不论是否退休、调离、提拔等。这些要求需要举国上下共同努力实现，需要政府各部门协同工作。为此，提出以下建议。

建设体现生态文明建设要求的目标体系、考核办法和奖惩机制，把资源消耗、环境损害、生态效益纳入经济社会发展的评价体系之中，作为重要的约束性目标。改变目前考核奖惩只注重 GDP 和财政收入增长的状况。坚决克服各级领导干部中普遍存在的急功近利、急于求成、重显绩轻潜绩短期行为。

建设生态文明，应当着眼于占世界 1/5 人口的整体素质的提高，在与全球应对气候变化，实现绿色发展的互补互纳中，找准位置、突出特色，达到合作共赢的目的。

建设生态文明，人人有责。应当在全社会大力倡导生态文明的理念，全面加强社会诚信体系建设，反对一切弄虚作假、形式主义、阳奉阴违、应付检查、破坏生态环境的行为。要使生态文明的理念和行动进学校、进社区、进机关、进工厂、进农村。坚决反对一切铺张浪费、讲排场、比阔气、追求奢侈豪华的恶劣风气，建设不同类型的真正的生态文明示范区，发挥榜样的引领作用。

六、推进生态文明建设的总体要求

党的十八大关于大力推进生态文明建设的总体要求是：树立尊重自然、顺应自然、保护自然的理念，把生态文明建设放在突出地位，融入经济建设、政治建设、文化建设、社会建设各方面和全过程。着力推进绿色发展、循环发展、低碳发展，从源头上扭转生态环境恶化趋势，为人民创造良好生产生活环境，坚持节约资源和保护环境的基本国策，坚持节约优先、保护优先、自然恢复为主的方针。努力建设美丽中国，实现中华民族永续发展，为全球生态安全做出贡献。

（1）树立尊重自然、顺应自然、保护自然的生态文明理念。

这是推进生态文明建设的重要思想基础，体现了新的价值取向。我们在经济发展中，比较注重遵循经济规律，但对自然规律尊重不够，一些地区不顾资源环境承载能力肆意开发，对自然造成伤害，削弱了可持续发展能力。人类不能凌驾于自然之上，人类的行为方式应该符合自然规律，按照人与自然和谐发展的要求，在生产力布局、城镇化发展、重大项目建设中都要充分考虑自然条件和资源环境承载能力。

（2）把生态文明建设放在突出地位，融入经济建设、政治建设、文化建设、社会建设各方面和全过程。

这是推进生态文明建设的实质，也是对中国社会主义现代化建设提出的更新、更高要求。在物质文明、政治文明、精神文明各层面，在经济建设、政治建设、文化建设、社会建设各领域进行全面转变、深刻变革，把生态文明的理念、原则、目标等深刻融入和全面贯穿到中国特色社会主义事业的各方面和现代化建设的全过程，推动形成人与自然和谐发展的现代化建设新格局。

（3）着力推进绿色发展、循环发展、低碳发展。

这是推进生态文明建设的基本途径和方式，也是转变经济发展方式的重点任务和重要内涵。在经济发展中，要尽可能减少单位产品的资源消耗强度和能源消耗强度、减少污染物排放、减少废弃物产生，努力形成同传统工业文明大量生产、大量消费、大量废弃、大量占用自然空间所不同的经济结构、社会结构和发展方式。

生态文明建设是一个系统工程，许多方面还有待深入研究。全民重视生态文明并付诸切实的行动，中国梦的实现就为期不远了。

思考题：

(1) 简述生态文明的定义及内涵。

(2) 简述我国生态文明建设提出的背景。

(3) 简述我国生态文明建设的原则。

(4) 简述我国生态文明建设的目标。

(5) 谈谈作为大学生如何践行生态文明建设，增强生态文明意识。

(6) 根据自己周围生态环境发生的变化，谈谈生态文明建设给老百姓带来的实惠。

第七章　生态文明社会建设

要点导航：

掌握我国生态文明社会建设的意义及生态农村、生态城市的本质。

熟悉我国城乡生态文明建设的现状和国内外建设经验。

了解推进我国城乡生态文明建设的策略。

生态文明社会建设追求人与自然的和谐相处，实现经济发展和生态建设的双赢，它是落实科学发展观、构建和谐社会、维护人民群众利益的直接体现，是促进社会发展的现实要求，也是推进人类文明进步的重要举措，因此，科学合理地加快生态文明社会建设具有重要意义。本章阐述了生态文明社会建设的科学内涵与重要意义，详细分析我国城乡生态文明建设的现状与存在的问题，总结了国内外生态乡村与生态城市的建设经验，提出推进我国城乡生态文明发展的针对性策略。

第一节　生态文明社会概述

我国正处于社会转型的关键性时刻，经济发展面临着自然资源趋紧和环境恶化的严峻挑战。建设生态文明社会是关系人民福祉、关乎民族未来的长远大计，对实现中华民族永续发展具有至关重要的意义。

一、生态文明社会的科学内涵

生态文明建设作为中国特色社会主义的事业，它是“五位一体”总布局的重要组成部分。生态文明社会以尊重和维护生态环境为主旨、以人类的可持续发展为出发点，在开发利用自然的过程中，注重维护社会、经济、自然三者间的整体利益，使现代经济社会发展建立在生态系统良性循环的基础之上，进而可以解决人类活动的需求与生态环境供给之间的矛盾，实现人与自然的协同进化。简单地说，生态文明社会是一种新型的社会关系，致力于促进社会、经济、自然的协调发展。生态文明社会建设的实质是以可持续发展为目标、以资源环境承载力为基础、以自然规律为准则，从而建设起来的资源节约型和环境友好型社会，主要包括生态农村建设与生态城市建设。

二、建设生态文明社会的重要意义

“生态兴则文明兴，生态衰则文明衰”，生态文明社会建设是一项长期的系统工程，其重要性主要体现在以下几个方面。

第一，建设生态文明社会是发展中国特色社会主义的必然选择。基于我国人口众多、环境承载能力较弱的现实情况，随着社会主义事业的不断发展，层出不穷的生态危机使得人们逐渐意识到无止境地向自然索取的严重后果，从而对人与自然的关系有了更清晰的认识。作为全世界最大的发展中国家，我国面临着经济发展与环境保护的双重任务，唯有加快生态文明社会建设，促进人与自然的和谐统一，才能实现中国特色社会主义事业的永续发展。

第二，建设生态文明社会是落实科学发展观的内在要求。生态文明社会建设是在强调注重维护自然生态环境的基础上尊重自然规律，适度开发利用，最大程度达到经济发展与环境保护的双赢，实现人与社会的全面可持续发展。践行科学发展观，其基本路径就是要处理好物质文明、精神文明、政治文明与生态文明之间相互依存、共促发展的关系。

第三，建设生态文明社会是顺应人民群众新期待的迫切需求。经济迅猛发展使得广大人民群众的生活水平得以提高，人们期盼物质丰富的美满生活，也期盼山清水秀的美妙故里。当人们的物质生活不再匮乏时，对生态文明的期望值就会越来越高，因此，加快生态文明社会建设，保护自然再生能力，促进人类可持续生存和发展，是发展文明的历史责任。

第四，建设生态文明社会是提高我国国际竞争力的重大举措。建设生态文明社会，不仅要控制污染和生态修复，更要修正工业文明弊端，从而探索出资源节约型、环境友好型的发展道路。我国现阶段尚处于工业化发展时期，必须要加快生态文明建设，大规模开发和使用清洁的再生能源，实现经济发展方式的转变，才可进一步提升我国综合实力和国际竞争力。

第二节　农村生态文明建设

作为一个传统农业大国，农村的生态文明建设不仅关系到农民自身，对我国经济的发展也有着不可小觑的作用。加强农村生态文明建设，保护农村生态环境，是我国经济社会实现可持续发展的重要基础。深入研究农村生态文明建设问题，对于进一步实现我国经济社会转型、全面贯彻落实习近平新时代中国特色社会主义思想、推进中国特色社会主义建设具有重要意义。

一、生态农村的本质与内涵

生态农村（ecological countryside）是指运用生态学与生态经济学原理，遵循可持续发展战略，通过农村生态系统结构调整与功能整合，进行农村文化建设与产业发展，实现经济稳定发展与生态环境的有效保护。

生态农村体现了绿色环保的理念，保证经济和生态的可持续发展，其内涵包括四个方面。一是农业生产实现可持续发展。这就要求必须重视生态文明建设，构建科学合理的发展方式，在坚定不移大力发展经济的同时，切实注重节约资源和保护生态环境。二是农民居住环境的优化。建设新农村生态文明，最基础的是改善农村整体风貌，打造良好的居住氛围。三是农民生产以及生活方式环保。建设新农村生态文明，就是要建立现代农业生产方式、生活方式，要求人们在农业生产中做到取之于自然且用之于自然。四是农民生态意识的提高。要求农民注重保护环境、节约资源、维护生态平衡，并将这种深刻的理念自觉转化为行动。

二、我国农村生态文明建设的现状分析

农村生态文明建设是中国特色社会主义生态文明建设的紧要点，关系到整个发展的成败。随着农村经济社会的发展，人们的生活水平逐步提高，一些生态问题却不断显露出来。农村生态文明建设是我国经济社会发展的重要基础，始终受到党和国家的关注和重视。

（一）农村生态文明建设取得的成绩

（1）基础设施与人居环境明显改善。

改善人居环境是生态文明建设的最直接体现。自古以来，我国农村惯用粗放式的发展模式，人们生活方式落后、生态意识淡薄，基础配套设施欠缺，从而造成污水乱排、垃圾乱放乱扔、牲畜粪便随地可见的脏乱差现象，这对于生态文明建设来说是一个不小的挑战。2005 年我国开始启动乡村清洁工程试点，在多个省份建立乡村清洁试点，主要包括循环工程、节能工程和配套设施的完善，旨在推进绿色循环发展模式。循环工程即将秸秆、牲畜粪便等固体废弃物转化为燃料、肥料等，使之变废为宝，循环再利用，这样有效减少了污染，同时满足了生产、生活的需要。节能工程即推广节水、节肥、节能项目，减少资源浪费、净化水源，提高经济效益。最后是配套设施的完善，农村基础设施和公共服务落后，是城乡差距最直观的一个表现，也是农民反映强烈的一个民生痛点。美化村容村貌，设立公共垃圾站，统筹推进农村水、电、路、通信等基础设施和教育、文化、卫生等公共服务，进一步完善交通体系，推进信息化建设。这些措施有效推动了农村生态文明建设的发展，全方位提高了农村居民的幸福感和获得感。

（2）涉农环保资金投入力度不断加大。

据中国社会科学院农村发展研究所研究显示，按照财政部公布的数据，2016 年全国的涉农资金就超过了 1.8 万亿元，2017 年超过 1.9 万亿元，规模相当庞大，其中涉及的项目和领域也非常多。以天津为例，近年来，按照天津市委、市政府部署，大搞“四清一绿”工程和“美丽乡村”建设，天津各涉农地区加大环保投入，特别是在农村垃圾处理方面，共购置垃圾箱 40.08 万个、垃圾转运箱 3650 个、三轮保洁车 9402 辆、乡镇级垃圾运输车 417 辆、新建垃圾池 8449 个，并积极推进“村收、镇运、区县处理”的垃圾处理模式，从而使农村环境面貌焕然一新。2017 年，中央为缩小城乡差距，促进农村经济发展，出台了一系列相关政策，大力推动农村一体化建设。各级地方政府也加大对涉农环保工作的关注，拓宽融资渠道、增强融资力度，为农村生态文明建设提供专项资金，并积极争取国家各种政策扶持，加大生态文明建设的力度。此外，环保建设扶持资金专款专用，保证资金点对点。

（3）环境保护管理不断加强。

随着对生态环境形势认识的日益深刻，我国的环境保护管理工作不断加强。加快推进农村生态文明建设主要体现在以下几个方面。第一，生态文明建设的法规体系不断完善。除了作为核心的《中华人民共和国宪法》和《中华人民共和国环境保护法》外，近年来，我国颁布的有关农村发展的法律法规还有《中华人民共和国城乡规划法》《中华人民共和国土地管理法》《村庄和集镇规划建设管理条例》等，这使得农村环保工作有法可依、有章可循。第二，管理体制不断创新完善。2008 年，环保总局撤局为部，扩大了权责管理范围，狠抓环保工作。2016 年 9 月，中央发布的《关于省以下环保机构监测监察执法垂直管理制度改革试点工作的指导意见》要求，省级以下建立环保垂直管理体制，辐射至农村区域。第三，确立长效监管与考核机制。加强对各地环保、各部门的环保工作进行行之有效的监管，真正将生态建设工作落到实处。

（4）生态文明教育不断推广。

在农村生态文明建设中，除了改善农村人居环境，鼓励、支持、引导绿色生态产业发展和制定相关的生态保护法律法规外，教育和文化传播的作用也不容忽视。农村生态文明教育主要包括群众性和农村学校生态文明教育。群众性生态文明教育可通过组织群众观看生态环保主题电影、参观环保科普知识展板、为居民发放宣传手册等方式增强农民群众的生态文明意识。学校生态文明教育则是针对在校学生，因地制宜地开展生态文明教育，使农村的年轻一代从小树立正确的生态观，敬畏自然、保护自然、合理开发自然。此外，利用多种教育形式丰富农民的生态素养，鼓励农民参与到生态实践中去。

（5）农业生态化改造。

开展农业生态化改造，主要是基于绿色农业、生态农业和循环农业产业链，大力改造传统农业生产方式，进行生态化转型，协调农业发展和环境保护，主要体现为改造传统农业生产方式、构建生态化农业生产环境、调整农村产业结构和布局农业功能区。近些年，我国兴起了许多生态农庄，农民们结合农村得天独厚的自然环境，将农业与服务业有机结合，不再单纯依赖耕作农田获取经济收入，生活水平有了显著的提高。

（二）农村生态文明建设中存在的问题

农业丰则基础强、农村稳则社会安、农民富则国家盛，中国作为世界上最大的发展中国家，农业从业人员稳居第一，这也意味着“三农问题”的解决与否直接关系到中国特色社会主义事业的发展。由于受到众多因素的影响，我国的农村生态文明建设仍存在许多问题尚未解决。

（1）生态意识淡薄。

在农村地区，农民受教育程度普遍偏低，这使得部分农民的生态思想觉悟不高，生态意识淡薄。首先，他们接受新观念和新技术的能力相对较差；其次，农村的生态文明教育渠道有限，基本没有建立相应的生态环保组织与维权组织，使得宣传和推广工作难以进行；再者，部分农民的社会责任感相对较弱，对政府号召的生态文明建设停留在事不关己的层面，参与热情与积极性也相对较低。因此提高农民的生态思想觉悟将是一项长期而又艰巨的任务。

（2）管理机制不健全。

农村的环保工作起步晚、起点低，管理基础比较薄弱，监管体系不健全，污染治理缺乏政策和资金的支持，政府机构管理不善以及长效机制未建立、基础设施不完善导致生态环境无人维护，污染的处理和处置相对落后。此外，部分乡镇高度追求经济发展，引进高污染企业，规划不合理，造成农村生态环境的重度恶化。究其原因，第一，管理体制薄弱。在国家层面上，虽然积极推进农村生态文明建设，但各项生态建设政策缺乏统一部署和推进，有时靠组织一两次突击整治，也是前面清理后面糟蹋，形成了整治—回潮—再整治—再回潮的不良循环。此外，还存在监管力度不足的问题，有的村庄虽然有卫生管理机制，但大多是流于形式，真正按制度管理实施的并不多，约束力较弱。第二，组织实施的机制分散。发改委、农业农村部、水利部等组织机构“齐抓共管”，这样能够充分发挥各部门的作用，然而，容易产生重复建设、重复投资和监管空白的问题。第三，缺乏长效资金投入机制。农村的生态文明建设，不仅要转变农业发展方式和调整农业产业结构，还有一项重大的任务就是要加强农村基础设施建设，因此唯有确保足够的资金投入，才能顺利进行农村生态环境的综合治理。

（3）基础设施建设滞后。

农村的基础设施建设相较于城市一直处于落后水平，这不仅使农民的生活质量大打折扣，也严重阻碍农村生态文明建设的开展。基础设施建设一直是我国社会主义新农村建设的重点和难点，到目前为止，农村基础设施建设仍存在一些典型的问题：乡村道路建设质量较差，贫困地区通达、通畅任务仍然艰巨；农村电网设备差且用电成本高，电力设备陈旧落后，有些电线杆破损十分严重，已处于危险状态。农村集中式供水比例仍然很低，农村自来水普及率仍然相对较低，尤其是中西部经济不发达地区。农村互联网普及情况远低于城镇，农村网民在单位、学校以及公共场所上网的比例与城镇差距较大。农村流通设施建设严重滞后，农村超市匮乏，农贸市场和批发市场较为简陋，缺少专业的储存场所、销售场所。

（4）科技创新不足。

在新中国成立初期，我国为快速实现工业化，在一定程度上以牺牲农业利益为代价促进工业增长。工业化基本完成之后，开始实行“工业反哺农业”的战略，出台了一系列支持农业发展的政策。当前，我国农业科技创新体系存在很多问题，包括创新力不足、资金投入少、技术转化率低、技术推广难度大、服务平台不完善等。最为突出的一点是农业科技投入不足，资金缺口较大，缺乏面向农村地区生态经济系统的科技支撑体系，导致生产设备较为落后、生产力低下。此外，科技人员学历构成呈现出中间粗、两头细的结构。高学历的研究人员是取得科研成果的主力军，然而这一人群占比仅为20%左右，这使得我国农业发展后劲不足。再者，产业化程度低，技术推广困难。这是由于我国农业产业化程度低、农产品加工流通产业链条短的特点造成，而且推广一项技术需要办理的手续较为冗杂。科技成果转化率低主要体现在科研人员的研究方向与农民实际需求相脱节，缺乏针对小农户分散经营方式的农业技术服务体系，使得科技成果难以付诸生产实践。

（5）环境污染严重。

随着我国现代化进程的加快，城市环境问题日益改善，与之相反的是农村地区污染却日趋严重。农村环境污染主要是由生产生活垃圾和农业化学品残留物造成。我国农村人口众多，不可避免地会产生数量巨大的生活垃圾。而对于生活垃圾的处理，目前仍缺乏相应的管理系统，村民自主地随意处置，造成资源浪费且加剧了环境污染。此外，农用化学品的不合理使用、农业废弃物的任意排放及乡镇企业粗放型经营方式的污染转移均使得农村环境现状不容乐观。

三、国内外生态乡村建设的经验及启示

在生态乡村建设方面，国外一些地区取得了显著的成绩，国内也有部分乡村地区把农村人居环境整治作为乡村振兴工作的重要突破口，以创新机制为保障，集中力量、整合资源、多方联动，有效推动了生态宜居美丽乡村建设。

（一）国内生态乡村建设

（1）浙江安吉。

安吉县地处长三角腹地，隶属于浙江省湖州市。安吉具有独特的区位优势，毗邻上海、杭州等大都市，交通便捷，土地资源相对丰富，竹子、茶叶等植物资源丰富。它是全国首个生态县，全国首批生态文明试点县。从1998年起，安吉就开始摸索生态文明建设，走绿色发展之路。经过多年的努力和探索，安吉县在生态文明建设与美丽乡村建设方面逐步走出了一条科学发展的路子。

安吉县在推进生态乡村建设进程中，将自然条件与人文优势相结合，不仅突出当地的特色，也体现了科学的生态理念，致力于打造一批特色产业明显、生态环境优异、百姓生活和美的风情小镇集群，形成县、镇、村三级互动的新农村建设格局。这与其他地方以摊大饼方式推进城市化建设的做法形成了鲜明的对比。安吉县植被覆盖率75%，森林覆盖率71%，竹林面积100万亩，依托良好的生态环境，安吉大力发展生态旅游休闲产业和特色产业，形成“公司+基地+农户”的生产模式。2012年全县接待游客876万人次，旅游收入达63.2亿元，门票收入达1.8亿元。此外，安吉文物资源，尤其是地下文物资源丰富，有实证浙江百万年人类发展史的上马坎遗址、春秋战国时期的越国古城和贵族墓地、浙江境内保存最完整的明清县城城防体系——安城城墙，等等。安吉初步形成了东北民间民俗文化区域、西北书画艺术区域和西南竹文化等三大特色区域。

（2）广东珠海。

珠海位于广东省珠江口西南部，东与香港隔海相望，南与澳门相连。作为国家生态文明建设示范市之一，珠海乡村生态环境优美，既有田园风光，又有水乡韵味。

在实施乡村振兴战略过程中，珠海立足自身发展实际，突出生态文明特点，深入推动污染防治，整治农村人居环境，全力推进美丽乡村建设。其以“十村示范、百村建设”为抓手，打造乡村振兴和乡村旅游样板村，建设特色小镇，使之真正成为富有风貌特色、承载文化内核的生态家园。此外，在充分发挥生态环境、历史文化、民俗风情等资源优势的基础上，着力打造“一镇一业”“一村一品”，将特色产业、休闲旅游、生态宜居、文化创意等特色发挥到极致，促进生产、生活、生态深度融合，率先形成绿色

发展方式和生活方式，增强广大农民的获得感、幸福感、安全感。

（二）国外生态乡村建设

（1）日本。

日本的乡村建设主要是为了激活落后地区、缩小城乡差距，从而完成城乡一体化建设，实现城市和自然的和谐共生。振兴农村，主要依托农村产业化和农村休闲化，大力发展农业观光体验、渔业观光体验、乡村自然文化旅游等，不断促进生态乡村建设。

著名的“工匠之乡”——水上町，位于日本群马县，那里群山环绕，风景优美。然而其地形地势导致农耕困难，无法开展集约型农业，因此，产业转型迫在眉睫。1990年，水上町政府提出了“农村公园构想”，将当地观光资源最大化，将农业与旅游休闲融为一体，打造出一个广域的公园。水上町的发展主要有三个特点。第一，民俗产业多元化，盘活传统手工艺。在继承发扬当地传统手工艺文化的基础上，形成了“竹编之家”“人偶之家”“面具之家”“茶壶之家”等形式多样的传统手工艺作坊。第二，切入地利优势——温泉养生度假。立足于日本温泉沐浴文化，将温泉的养生功能与休闲功能进行了完美的有机结合，打造了独具特色的村营温泉中心。第三，聚合地方文化，激发游客参与感。以继承手工艺传统和发扬日本饮食文化为出发点，带动游客体验和感悟当地文化特色。

（2）荷兰。

20世纪以来，荷兰乡村地区建设主要包括“土地整理”和“土地开发”这两种形式。其景观规划理念也从服务于农业生产的现代化、合理化到农业休闲、自然保护、历史保护等多种利益综合平衡。2005年，荷兰政府确立了20个国家级别的景观区域，总面积约9000 km^2，有效保持了荷兰各个乡村区域的景观独特性。

羊角村坐落于荷兰东北部的上艾瑟尔省，被誉为“绿色威尼斯”。纵横交错的河道和静谧安逸的临河木屋别墅随处可见，风景优美，气候宜人，堪比世外桃源。羊角村内和周边的村落，有手作店、咖啡厅、酒吧、民宿等一系列符合村落氛围的业态，呈现出一片独具风格的景象。

（三）国内外生态乡村发展经验启示

（1）注重生态乡村整体提升。

生态乡村建设，要将农村建设与旅游发展、经济发展相融合，实现整体推进。这就要求必须考虑到居民居住条件改善、旅游发展需求及公共服务向城市看齐。一是基础设施建设，完善的乡村基础设施对其发展起至关重要的作用，因此，要以完善农民基本生活设施为生态建设的主要内容，加强供水、电路、能源、道路等设施建设及性能设计、设施美感。二是人居环境建设，规划住房、交通等要综合考虑各项设施的配置和标准，既要符合现代化的要求，又要考虑到乡村的长远发展。此外，要严格控制建筑物的用地规模，进而有效保护耕地，建立特色乡村土地与环境规划，居民生活设施和游客服务设施合理规划等。统一开展农村环境基础设施建设，加强农村垃圾、污水、危险废物统一集中处理。

（2）培养农村建设人才。

生态乡村建设是农村社会的全面改造、和谐发展，农民是农村的主人，是生态乡村建设的主要力量，高素质农民能加快生态乡村建设。生态乡村建设需要现代职业农业与创新人才引领农民全面发展。因此，结合培养农村适用人才政策，搭建相关的平台，为生态乡村建设培养农业技术人才，吸引有志于乡村建设的各类创新人才，打造一支热爱农村的人才队伍。同时，农民也是农村经济活动主体，提升农民素质才能发挥农民的首创精神，才能解决好农村的问题，农村要发展必须凝聚农民智慧、农民力量的参与。

（3）发展特色乡村生态旅游产品。

生态乡村建设与生态旅游相辅相成，生态建设为乡村旅游发展提供了机会，生态旅游发展能反哺生态乡村建设。乡村旅游要体现生态特色，着力打造“一村一品、一村一韵”，才能给乡村建设注入活力。乡村旅游发展的核心是产品，为游客开设形式多样、内容丰富的旅游体验项目，应积极开拓多元化的乡村旅游类型，针对不同的乡村旅游类型定位差别产品服务，如观光型乡村旅游主要为游客提供农产品生产销售服务，以优美的田园自然风景吸引人们观光，如农家乐；而休闲型乡村旅游主要以农业资源和农牧场产品为依托，主要提供农产品采摘、农牧场和农业生产活动参观、钓鱼、徒步旅行等服务。明确乡村旅游营销的关键是其品质形象，而不是硬件设施，大力发展旅游产品品牌，引领产业升级。

四、加强农村生态文明建设的现实路径

农村生态文明建设是国家生态文明建设的一个重要分支。政府作为决策主导者，应站在统筹全局的高度，严格遵循农村发展规律，将生态文明理念融入农村政治、经济、文化和社会制度的建设和优化过程中去，推动农业生产、农民生活、农村生态协调发展，实现城乡共同发展。农村生态文明建设是中国生态文明发展道路上的一大飞跃，也是中国未来发展及建设的战略基础，农村生态文明建设的提出是实现农业、农村、农民生活和谐可持续发展的重要保障和措施。

（1）积极开展生态文明宣传教育工作。

农民是农村生态文明建设的主力军和第一参与者，他们的观念和理念对整个建设过程具有重要意义。在这个过程中，做好生态文明宣传教育工作具有不容小觑的作用。农村生态文明建设的第一步应该从农民的生态理念培养着手，因势利导也使农民自觉践行绿色环保的生产、生活、消费方式。加强生态环境保护法律法规的教育，提高农民的环保法制意识。加强生态环境保护知识的教育普及，提高农民的环保意识。引导农民形成健康的生产生活方式。

（2）创新农村生态文明建设制度与机制。

农村生态文明建设制度与机制是对生态文明建设相关活动的评价与约束机制，引导生态文明建设的发展方向与发展水平，对与生态环境相关的行为进行制约和监督，考核生态文明建设实际情况，有利于开展下一步生态文明建设工作时借鉴已有经验，分析并改正出现的问题，是发展好农村生态文明建设不可或缺的重要环节。完善农村生态资源管理制度，实施最严格的污染管理评价机制，建立环境与健康风险预警工作制度，完善预警手段，加强环境与健康突发事件应急处置能力建设。加快建立生态补偿机制，加大对农村生态补偿机制的财政投入力度，建立乡村生态环境管护补偿机制和生态资金补偿

管理体系，建立着眼于长期保护和修复的生态补偿长效机制。建立健全生态文明目标考评机制，制订完善的考核体系和考评实施细则，确保落实好农村生态文明建设各项工作。

（3）大力营造生态和谐的人居环境。

加强农村生态建设、环境保护与综合治理的重点是改善现阶段农村地区的人居环境，让农民在街道整洁、环境优美、山清水秀、景色宜人的环境下生产生活，才能使农民群众真实地体会到“美丽乡村”建设带来的改变。

（4）完善农村生态环保法律法规，加大执法力度。

孟子有言，“不以规矩，不能成方圆”。要加强农村生态文明建设，必须建立有效的针对农村生态的环境保护法律体系。应该说，随着生态问题的出现，我国也建立了以《中华人民共和国环境保护法》为中心的比较完备的法律法规体系，使生态保护有法可依。但从整体看，针对农村的法律法规还比较弱，有的法律法规也没有反映出农村的特点，因此，完善农村生态文明建设的法律法规势在必行。

（5）加强农村环境保护公共服务建设。

生态文明建设需要大量的资金，政府在逐步提高农村的公共财政投入的同时，注重向农村环保事业倾斜。落实城乡公共服务均等化，一直是提高农村公共服务水平的追求。在环境保护问题上，必须在强调均等化的同时，提高农村公共服务的水平，强化对农村地区环保基础设施的建设和投放，逐步完善农村的公共服务设施，使每个行政村都配备有完善的生态环境保护的基础设施。

（6）加强科技创新，重视资源循环利用。

农村生态文明建设本质上是农村发展方式的转变和农民生活方式的变革。因此，加强农村生态文明建设必须结合农村的生产、生活特点，注重依托科技的创新与应用。

第三节　生态城市建设

一、生态城市的本质与内涵

生态城市（ecological city），也称生态城。从广义上讲，是建立在人类对人与自然关系深刻认识基础上的一种新文化观，是按照生态学原则建立起来的社会、经济、自然协调发展的新型社会关系，是有效利用环境资源实现可持续发展的新型生产和生活方式。从狭义上讲，就是按照生态学原理进行城市设计，建立高效、和谐、健康、可持续发展的人类聚居环境。

从本质上讲，生态城市应该是城市经济、社会、环境系统的生态化。它包括两项基本内容：一是推进真正具有生态化特征的城市生态环境建设，二是对现有的城市经济社会模式实行生态化改造。生态城市建设的深层含义是要尊重和维护大自然的多样性，为生物多样性创造良好的繁衍生息的环境。每个城市所处的地理环境都有其不同于其他地区的生态要素和生态条件，要充分利用各地的差异性来创造有特色的生态环境。合理的城市生态建设应与自然融合，在充分尊重自然生态的前提下，在城市整体层面上建立自然环境与人文环境的有机融合，保障城市可持续发展。

二、我国生态城市建设的现状分析

城市是经济发展和科技进步的必然产物，自工业革命以来，城市的发展极其迅猛。然而，城市化过程在推动人类文明高速发展，促进物质财富和精神财富快速增长的同时，也带来了一系列严峻的生态环境和人居环境问题，城市发展进程面临空前的挑战。这迫使人类必须要反思过去城市发展的模式，并探索相应的解决办法，因此，生态城市的建设成为全球关注的热点。

（一）我国生态城市建设取得的成绩

改革开放以来，随着我国城市化进程的加速和城市人口的快速增加，粗放式、掠夺式的传统城市发展模式越来越不能适应现代城市发展的要求。生态破坏、环境污染、交通拥堵、资源能源紧张、社会矛盾加剧等问题给城市带来的压力，已经开始影响城市功能的正常发挥和城市的可持续发展。以绿色、低碳、高效、清洁和可持续为特征的生态城市发展模式，以及国外生态城市建设的成功案例，给我们提供了重要参考，建设生态城市逐渐成为我国城市发展的新目标。

1988 年，江西省宜春市在全国率先开展生态城市建设试点，我国生态城市建设迈出了非常重要的第一步。1988 年 7 月，国务院发布了《关于城市环境综合整治定量考核的决定》，提出城市环境保护逐步由定性管理转向更为科学的定量管理，制定了多项考核指标，并将城市环境综合整治列为考核市长政绩的重要内容。这些规定为改善城市环境质量提供了科学的依据和重要的组织保证。进入新世纪，随着越来越多的城市提出建设生态城市的目标，为了加强对生态城市建设的引导、规范和考核，多项政策法规相继出台。2000 年 11 月，国务院颁布了《全国生态环境保护纲要》，明确提出到 2030 年全国 30% 以上的城市达到生态城市和园林城市标准的建设目标。2005 年 12 月，国家环境保护总局发布了《全国生态县、生态市创建工作考核方案（试行）》，提出了全国生态县、生态市创建考核的具体标准。2007 年 6 月，建设部发布了《关于公布国家生态园林城市试点城市的通知》，决定青岛、南京、杭州、威海、扬州、苏州、绍兴、桂林、常熟、昆山、张家港等为首批国家生态园林试点城市。

2015 年 12 月，中央城市工作会议在北京召开，会议提出，做好城市工作要坚持以人民为中心的发展思想，立足国情，尊重自然、顺应自然、保护自然，改善城市生态环境，提高其发展持续性。这次中央城市工作会议的召开，为进一步做好城市工作和推进我国生态城市建设提供了重要指导。建设和谐宜居的生态城市，已经成为我国城市发展和城镇化建设的必然选择。据不完全统计，全国 97.6% 的地级（含）以上城市和 80% 的县级市提出了生态城市建设目标。

经过几十年探索实践，我国生态城市建设成效开始显现。2006 年，国家环境保护总局首次命名江苏省张家港市、常熟市、昆山市、江阴市为国家生态市，上海市闵行区为国家生态区，浙江省安吉县为国家生态县。2016 年 1 月，首次授予徐州、苏州、昆山、寿光、珠海、南宁、宝鸡等 7 个城市“国家生态园林城市”称号。截至 2020 年 10

月，全国共有262个地区获得“国家生态文明建设示范市县”称号。

（二）我国生态城市建设存在的问题

尽管我国生态城市建设取得了举世瞩目的成绩，但仍然处于初级阶段，还存在许多不足。由中国社会科学院等多家单位联合发布的《生态城市绿皮书：中国生态城市建设发展报告（2016）》，对2014年全国284个城市的生态建设效果进行了评价。数据显示，在清洁能源使用、生活垃圾无害处理、环境污染综合治理，以及城市绿化、空气质量、河流水质、节能降耗等方面，还有很多城市没有达到生态城市的建设标准。例如，在单位GDP能耗方面，最新数据显示，我国地级以上城市平均值为0.99吨标准煤/万元，参与测评的城市中有133个城市超过了《生态县、生态市、生态省建设指标（修订稿）》中规定的小于0.9吨标准煤/万元的标准。又如，在清洁能源使用方面，我国地级以上城市主要清洁能源使用率平均值为7.83%，清洁能源使用率超过50%的仅有一个城市，超过20%以上的也仅有15个。此外，一些长期困扰城市发展的突出问题，依然没有得到很好解决。城市道路交通拥堵、基础设施翻修不断、大街小巷秩序混乱等问题在不少城市依然存在。一些地区在新城建设和旧城改造过程中平山毁地、填湖造城，导致城市森林、绿地、水域面积大量减少，使得遇洪遇水遇雨必涝成为常态。还有相当数量的城市水土污染严重，空气质量恶化，垃圾围城蔓延。出行难、停车难、上学难、看病难、求职难等社会问题已经成为我国许多城市的“通病”。这些问题不仅严重影响了城市生产生活，损害了城市形象，而且对城市经济社会发展产生了严重的负面影响。解决城市发展过程中出现的“城市病”，为人民群众创建美好的生产生活环境，已经成为新时期城市工作的重要内容。

三、国内外生态城市建设的经验及启示

（一）国内——深圳创建生态城市探索

我国生态城市建设起步较晚。1988年，江西宜春市提出了建设生态城市的发展设想和发展目标。然而，到目前为止，我国还没有一个世界公认的真正意义上的生态城市。深圳是我国改革开放的经济特区，是改革开放的领头羊和示范窗口，是一个现代的国际化大都会，是创新活力的典范，在城市建设和管理效率上勇于创新，其在建设生态城市道路上不断探索前进。

第一，执行严格的生态环保立法。深圳制定出台包括循环经济促进条例、特区饮用水源保护条例、环境噪声污染防治条例、建设项目环境保护条例、绿色建筑促进办法等10多部法规，形成了一整套推进生态文明建设的法规体系，为生态文明建设提供了强有力的法制保障。

第二，制定科学的生态城市规划。深圳市2006年印发实施《深圳生态市建设规划》；2007年发布了《关于加强环境保护建设生态市的决定》，确定深圳“生态立市”发展战略；2008年先后制定实施了《深圳生态文明建设行动纲领（2008—2010）》和9个配套文件及生态文明建设系列工程，指导全市生态文明建设；2014年，深圳市又再制定《关于推进生态文明、建设美丽深圳的决定》和实施方案，为深圳市建设国家生态文明示范市明确了规划，指明了方向。

第三，积极调整产业结构，发展生态经济。深圳市的经济总量长期排在全国前四名，实力雄厚，为生态文明城市建设提供坚实物质保障。近些年来，深圳推行质量引领，不断转变经济发展方式，调整产业结构，加大力度发展绿色经济、生态经济，建立促进生态环保产业发展的体制机制。对一些耗能高、污染大的传统产业进行改造升级或转移至东莞、河源等地产业园，同时建立生态激励制度和设立生态专项资金，通过相关政策落实鼓励企业进行科技创新、扶持发展生态产业，通过法律法规来约束企业生产者的相关行为，建立了一套企业本身、企业与企业之间、整个产业体系与社会消费之间的循环经济联动模式，形成了一套自上而下的生态经济模式。

第四，积极发动公众参与生态文明建设。深圳市一方面发挥在生态文明城市建设中的主导作用，另一方面通过形式多样的宣传教育，建立深圳文明网、在《深圳特区报》专门开辟生态文明专栏，大力弘扬生态文明，提高人们的生态环保意识，引导企业、社会公众等多元主体参与生态文明建设，形成良好的社会风气。

（二）国外——新加坡“花园城市”建设经验

1971 年，联合国教科文组织提出“生态城市”的概念之后，这种新的城市发展模式引起了越来越多国家的关注，不少城市开始探索适合自身发展的生态城市建设之路，美国的伯克利、澳大利亚的怀阿拉、巴西的库里蒂巴、印度的班加罗尔、丹麦的哥本哈根、德国的弗莱堡等都是世界公认的生态城市。新加坡以“花园城市”闻名于世，其城市管理非常成功，主要有以下几个方面经验：

第一，制定完备法规体系、执法严格。新加坡高度重视生态法制体系建设，建立了完善的生态城市管理法规体系、考评制度和惩罚制度等基础制度，推进生态城市管理法制化。新加坡以“重典”著称，罚款项目多、数额大，执法非常严厉，对随地吐痰、乱丢垃圾都处以巨额罚款。

第二，以低碳生态为规划导向。新加坡以低碳生态城市为发展理念，在独立伊始就确定打造“花园城市”，高起点编制了 30 ～ 50 年的以城市空间布局、交通网络、产业发展等为重点内容的生态城市战略规划，引领城市发展的路向。新加坡的城市规划制定得非常详细，具体细分到每个城市、社区，并且一经制定长期执行，这为政府城市管理提供了依据，提高了管理效率。

第三，加强精神引导，落实生态责任。新加坡在“花园城市”建设中重视加强东方文化和儒家文化的宣扬，提高政府官员的生态责任意识，培养公民生态文明意识，为城市建设奠定良好的精神根基。通过政府行政行为、法律执行，强化生态文明思想在国民生活中的建立，强化对公民思想意识的引导，实现全面参与的模式。

（三）国内外生态城市发展经验启示

国内外多个城市在有限的资源环境条件下，在生态城市建设中采取了多种方式方法和切实有效的措施，推动了生态文明城市的建设管理发展，在我国当前提出大力发展生态文明城市建设实践中，具有很好的指导和借鉴作用。

第一，重视制度法律体系的建设。在生态文明建设中，国内外都高度重视完善生态立法机制，修订完善生态文明建设的相关制度法律法规，建立健全生态文明的政策方案，不仅从制度上保障生态文明的推进，而且从严格执法上深入贯彻执行，真正做到有法可依、执法必严。

第二，制定科学战略实施的规划。在生态文明理念的指导下，结合城市发展阶段和实际情况，因地制宜制定长远的、宏观和微观相结合的、客观科学的、可操作性强的生态文明城市战略规划，以此指导生态文明城市建设的具体实践。新加坡为建设“花园城市”制定了长达50年的战略规划。深圳、珠海也都根据自身的城市特点，制定有特色的生态文明城市建设规划。

第三，促进经济发展方式转型升级，大力发展生态经济。生态文明的建设进程在很大程度上影响着经济发展方式，而科学的经济发展方式也是衡量一个城市生态文明程度的重要指标。要实现经济发展与生态文明建设的协调发展，需要积极调整产业结构、促进产业结构优化升级，大力发展循环经济、低碳经济，构建生态经济体系。以深圳为例，其在创建生态文明城市过程中不断通过科技创新、发展生态产业来寻求新的经济增长点，为生态文明建设的顺利推进提供有力的经济支持。

第四，落实政府生态职能，积极发挥政府主导作用。政府在生态文明城市建设中起着不可替代的主导作用，应积极履行生态职能，落实生态责任，引导并发动社会各阶层和组织积极参与。

第五，注重引导和培育公民生态文明意识，推动全社会共同参与。新加坡重视儒家文化的宣扬，瑞典推行教育优先发展的战略，这些经验表明，要培育生态文化，通过教育、宣传、培训等手段来培养社会公众、企业的生态文明意识，提高社会公众对生态文明的认同，将生态文明理念融入日常的生活中，养成自觉履行生态责任义务的行为习惯，推动全社会多元主体参与到生态文明建设中来。

四、推进我国生态城市建设的基本策略

建设环境优美、清洁低碳、和谐宜居、充满活力的生态城市，是我国城市发展的必然选择和必由之路。我国幅员辽阔、地域广袤，自然生态、人文风貌千差万别，城市基础、发展条件参差不齐；但是，促进经济、社会、生态协调发展，人与自然和谐共生，是生态城市建设的共同目标。推进生态城市建设，要坚持创新、协调、绿色、开放、共享的发展理念，充分吸取国内外生态城市建设的经验，在做好城市总体规划、破解城市发展难题、引导公众积极参与、发挥地区生态特色等方面，针对性地探索适合于地区发展的生态城市建设之路。

（一）做好城市规划，构建城市合理生态布局

生态城市规划的基本任务是恢复并扩大可再生资源的再生产，同时节约使用不可再生资源，从而使生态环境质量得以改善。生态城市规划涉及人类生产生活的各个领域，有很强的综合性、社会性、经济性和预防性。它利用系统分析的手段及生态经济学等学科知识对社会、经济、自然进行规划和调节及改造。城市规划是城市建设和管理的基本依据，对城市未来的发展具有举足轻重的作用。

做好城市规划要树立生态文明理念。生态文明是以人与自然、人与社会和谐共生、持续繁荣为基本宗旨，以打造资源节约型、环境友好型、生态宜居型和谐社会为重要目标的社会形态。习近平总书记强调：“我们既要绿水青山，也要金山银山。宁要绿水青

山，不要金山银山，而且绿水青山就是金山银山。我们绝不能以牺牲生态环境为代价换取经济的一时发展。”事实证明，过分强调经济发展而忽视对环境的保护，最终将导致城市经济社会的畸形发展。国内不少地区因生态环境遭到破坏而带来沙漠化加剧和遇洪遇雨必涝的惨痛教训，值得深刻反思。只有牢固树立生态文明理念，不断强化生态环境意识，才能处理好经济发展与生态保护的关系，最终实现经济、社会和生态的协调发展。

做好城市规划要坚持科学发展原则。城市规划是城市发展的重要环节，将直接影响城市的建设和发展。建设生态城市，要有一个好的城市规划：首先，规划要放眼未来，具有前瞻性，预留足够的空间，否则城市将始终处于重复拆建、修修补补的恶性循环中；其次，规划要具体务实，要根据城市的自身条件和特点，采取循序渐进、量力而行的发展战略，科学规划实施利民生、有效益、易操作的建设项目，否则就有可能出现杂草丛生的“烂尾工程”和闲置不用的“政绩工程”；最后，好的城市规划要突出生态效应，注重城市发展与自然环境的相互协调，注重城市森林、河流、湿地、湖泊、绿地等自然生态的利用和保护，注重城市污水、城市垃圾的处理和循环利用，注重城市大气污染、噪声污染、水体污染的控制和防治。

做好城市规划要把握规模、控制尺度。一个城市的规模越大、人口越多，那么其面临的自然生态承载压力就会越大。随着我国城镇化进程的加快，农村人口将大量快速进入城市，如果对这一趋势不加以控制，当城市规模和城市人口达到甚至超过一个城市的自然生态承载能力时，交通拥堵、环境污染、资源能源短缺等城市问题将随之出现。这不仅会影响城市居民正常的生产生活，还有可能导致城市原有自然生态优势的丧失。因此，城市规划应当把握规模、控制尺度，在对城市的承载能力进行科学评估和测算的基础上，划出人口和生态“红线”。

（二）坚持问题导向，解决城市发展突出问题

坚持问题导向，首先要善于发现问题。城市是一个复杂的社会系统，涉及政治、经济、社会等活动的方方面面。城市工作千头万绪，城市问题错综复杂，善于发现问题是做好城市工作、解决城市问题的基础和前提。为此，城市管理者应当发扬密切联系群众的优良作风，深入基层社区开展调查研究，认真听取、收集公众对城市发展的意见和建议，并对收集的问题进行梳理和分析，为政府决策提供详细、准确的数据和信息。

坚持问题导向，要着力解决重点问题。重点问题是指那些影响城市宜居环境、制约城市健康发展、人民群众反映强烈和迫切希望解决的问题。例如，缺水、雾霾、干旱、水涝、沙漠化、生态破坏、环境污染、资源能源短缺等生态问题，以及出行难、停车难、上学难、就业难、看病难等社会问题，依然是目前不少城市亟待解决的重点问题。解决城市重点问题，需要城市管理者坚持以人民为中心的城市发展思想，始终将人民利益放在首位，“想人民之所想，急人民之所急”，加强组织领导，汇聚各方力量，开展协作攻关，最终实现标本兼治。

坚持问题导向，要设法破解难点问题。制约生态城市建设的重点问题，往往也是难点问题。城市问题错综复杂，它涉及城市规划、建设和管理等方方面面，这也是城市公共卫生、环境污染、交通拥堵、社会矛盾等“显性”问题长期不能得到很好解决的重

要原因。尽管不少地区经常开展各种专项整治行动，但这种“运动式”做法往往收效甚微。破解城市发展难题，最能考验管理者的智慧和能力，需要城市管理者解放思想、增强才干、开拓创新，用科学的态度、先进的理念、专业的知识去武装自己，做好城市规划、建设和管理的每一个环节。

（三）引导公众参与，实现城市共建共治共管

建设生态城市，需要汇聚众人的智慧，需要全社会的共同努力。习近平总书记强调：要不断提高市民文明素质，尊重市民对城市发展决策的一切权利，包括知情权、参与权、监督权，鼓励其积极参与城市建设管理。为此，城市管理者应当转变观念，改变工作思路，在制度设计、宣传教育、渠道拓展等方面为公众参与城市治理提供必要的支持。

一要完善公众参与制度。没有规矩，不成方圆，保障公众对城市发展的知情权、参与权和监督权，需要建立相应的法律和制度。目前，国家还没有出台全面支持公众参与城市治理的专门立法，在《中华人民共和国城乡规划法》《中华人民共和国环境保护法》等相关法律中尽管有相应的条款，但只是对公众行使监督权做了原则性的规定。2013 年，《南京市城市治理条例》颁布实施，这是全国首个保障公众参与城市规划、市政设施、市容环卫、道路交通、生态环境等公共事务的地方性法规。该条例的实施，对推动公众参与城市治理、提高城市管理水平发挥了重要的作用。借鉴南京市的做法，国家应当加快制定支持公众参与城市治理的相关法律，以此来确立公众的权利和义务。

二要加强生态环境教育。建设生态城市，需要公众有较高的生态素质，而加强宣传教育，是增强公众环境意识、提高公众生态素质和培养公众良好习惯的重要手段。生态环境教育要常态化，不要搞“运动式”，要真抓实干不要搞形式主义。要利用好广播、电视等传统媒体，同时也要发挥网络新兴媒体的作用。学校应当重视环境课程的教学，把做文明市民、维护公共卫生、保护自然环境等素质教育落到实处，增强学生讲文明、讲卫生、爱护环境的行动自觉性。社区应当结合居民的特点精选宣传教育内容，既要重视政策法规的宣传，又要重视生活垃圾分类、节水节能节电、公共环境卫生保护等内容的宣传。

三要拓展公众参与渠道。目前，公众参与城市治理，主要是由人大代表、政协委员通过参政议政，或通过听证会征求市民代表意见等间接方式来进行。由于公众直接参与的渠道有限，对一些影响城市居住环境和城市发展的重大决策无法充分表达自己的意见，这是造成近年来不少城市在一些重大项目建设过程中，引发公众集体抗议的重要原因。保障公众对城市规划、建设和管理的知情权、参与权、监督权，需要有畅通便利的渠道，城市管理者应当树立群众意识，创新工作思路，提升服务水平，充分发挥传统渠道和网络平台的作用，拓宽公众参与城市治理的渠道。

（四）坚持因地制宜，打造各具特色的生态城市

习近平总书记强调：要尊重、顺应和保护自然，逐步提升环境质量和人民生活质量，建设和谐宜居、活力四射、独具特点的现代化城市。建设各具特色的现代化城市，是建设生态城市的客观要求。建设特色生态城镇，需要结合城市自身的特点、自然条件和文化传承，选择建设模式、做好城市定位、突出地方特色。

一要选择城市建设模式。生态城市建设模式可分为“重建型模式”和“改造型模式”。重建型模式，主要适合植被稀少、环境退化、生态脆弱等自然生态条件较差的地区，如美国的艾克森城、阿联酋的马斯生态城、我国的中新天津生态城等均属于这种模式。改造型模式，主要适合自然生态条件良好且没有遭到破坏的地区，如德国的弗莱堡、巴西的库里蒂巴和我国的张家港等则属于这种模式。我国地域辽阔，各地自然生态条件和城市发展基础存在较大的差异，这就决定了各地在生态城市建设过程中应当根据自身的条件选择合适的生态城市建设模式。

二要做好城市功能定位。生态城市并不是简单地追求城市绿化和环境优美，它更加强调资源能源高效利用、城市秩序井然有序、人与自然和谐统一。不同地区自然生态条件存在的差异，是打造各具特色现代城市的有利条件。生态城市的形态多种多样，它包括环境友好型、资源节约型、循环经济型、景观休闲型、绿色消费型、综合创新型等。生态城市建设不能完全照搬照抄其他国家、其他城市的做法，要根据自身条件做好城市功能定位，再选择一种形态作为重点目标，集中力量，精心打造出特色鲜明的现代化城市。

三要突出城市地方特色。生态城市的重要特征包括地域性、多样性、差异性。然而，相似的城市规划、相似的城市设计、相似的城市建筑，破坏了城市原有特质，我国很多城市在发展过程中逐渐失去了自己的特色。很多代表不同城市风貌的山水人文建筑景观（如古建筑、古园林、山林草地、小桥流水、荷塘月色等），已消失在城市的大拆大建中。生态城市建设强调城市的政治、经济、文化和自然生态环境的有机融合，而最大限度地保留城市原有的自然风貌和历史人文景观，更能彰显出一个城市的独特魅力。因此，生态城市建设要突出地方特色，充分利用好城市现有的自然生态条件和历史文化资源，有针对性地进行规划、设计和改造。

思考题：

（1）简述我国生态文明社会建设的意义。

（2）分别阐述生态农村、生态城市的定义及内涵。

（3）简要分析我国城乡生态文明建设的现状。

（4）简述我国推进城乡生态文明建设的策略。

（5）以自己所在城（乡）为例，分析其生态文明建设现状，谈谈如何更好地推进其生态文明建设。

第八章　循环经济和绿色发展

要点导航：

掌握循环经济的定义、基本原则以及绿色发展的概念。

熟悉循环经济实施的三个层次、对策措施，绿色发展的实践路径。

了解循环经济的起源，国内外循环经济实施的概况。

了解循环经济和绿色发展在生态文明建设中的作用。

20 世纪中期发生的一系列重大环境事件，引起人们对环境污染与经济发展之间关系的思考。如何协调经济发展和环境保护之间的关系，成为人们关心的问题。1987 年，世界环境与发展委员会通过关于人类未来的报告《我们共同的未来》，提出了“可持续发展”概念。在此基础上，人们进一步提出循环经济和绿色发展。循环经济是经济增长方式的转变，绿色发展是从满足生态需要出发，是传统经济发展模式的创新。这两种新的发展模式，能够实现经济发展和环境保护二者之间的相互促进，经济发展为环境保护提供资金和技术支持，环境保护有助于经济发展，进而实现环境保护与经济可持续发展的“双赢”。

第一节　循环经济

循环经济的完整表达是资源循环型经济，是符合可持续发展理念的经济增长模式。循环经济是以资源节约和循环利用为特征、与环境和谐的一种经济发展模式，其思想诞生于 20 世纪 60 年代的美国，在中国则出现于 20 世纪 90 年代中期。

一、循环经济的定义和基本原则

（一）循环经济的起源

（1）传统经济模式。

自工业革命以来，人类社会以前所未有的速度，创造了巨大的经济财富，形成了以人类为中心的发展理念。长期以来，在此观念的指导下，人类过多地注重自身发展，只承认人口和物质生产的存在，几乎将所有的注意力都放在物质发展上。换言之，传统的经济发展模式一直是从自然环境中获取资源，将其加工成人类生存和发展所需的产品，并将产品生产加工过程和产品使用消费过程中产生的大量废物排放到人类赖以生存的自然环境中。

随着人类物质消费需求的持续增长，人类活动在程度、规模和数量上都发生了巨大的变化，如能源、矿产、水资源的匮乏，环境公害事件的频繁发生，森林和草地的大面积退化、水土流失和土地荒漠化，生物多样性锐减，臭氧层破坏和温室效应。环境遭受破坏的直接后果是：第一，造成自然资源趋向枯竭；第二，自然环境消纳污染物的能力逐渐减弱，环境质量急剧恶化；第三，自然资源和环境被破坏，使人类的生存和发展陷入困境。

（2）末端治理模式。

工业革命后期，各类环境污染事件已成为阻碍经济发展的主要因素。经历了伦敦烟雾事件、日本水俣病等一系列环境公害事件后，人类开始反省对待自然的态度，逐渐认识到环境保护的重要性，并且不断研究治理环境污染的技术和设备，从而为人类控制环境污染提供了可能性。20 世纪 60 年代以来，发达国家普遍采用末端治理的方法，投入了大量的人力、物力和财力，虽然取得了一定的效果，但仍然是“先污染，后治理”。环境污染治理的主要理论基础是外部效应内在化、科斯定理和环境库兹涅茨曲线理论。这些理论为早期环境经济学家提出“污染者付费原则”提供了理论依据，它对遏制环境污染的快速蔓延起到了延缓的作用。但末端治理仍然存在一些缺陷，主要表现为：管理技术难度大，治理污染成本高，经济、社会和环境效益之间的关系难以平衡，难以调动企业的积极性。能源和资源不能有效被利用，进而产生不必要的资源浪费与环境污染；污染物排放标准中只注意浓度控制，在废物排放量大的情况下，很容易造成实际污染排放量超出环境承载能力的情况。

总的来说，末端治理模式依旧是从人类自身利益出发的，维护人类的生存价值和权利仍然是其最根本出发点。对环境而言，通过末端治理模式虽然可以减少某一形式污染物的产生量，但是污染物在介质间转移，从一种形式转化为另一种形式，如焚烧固体废物会产生大气污染等。因此，末端治理模式虽然在治理过程中产生小循环，但是整个物质流动过程依然是线性的，它仍然会导致环境质量的下降，最终导致人类生存环境的恶化。

（3）循环经济模式。

20 世纪后半叶，面对传统经济发展模式的缺陷及其带来的各种危机，人类开始探索人与自然和谐共存的发展模式。1992 年 6 月联合国环境与发展会议，世界各国就可持续发展达成了共识。德国、日本等发达国家以及一些发展中国家积极探索促进经济可持续发展的途径，提出了循环经济的发展模式。可持续发展成为世界潮流，从源头预防和全过程治理成为国际社会发展的主流。

循环经济集清洁生产和废物综合利用于一体。它不仅要求物质被多次重复利用，而且要求所有进入系统的物质和能量在不断循环的过程中得到持续的利用，最大限度地减少自然资源的消耗。在循环经济中实现最大限度地“利用”物质而不是“消费”；同时满足人类日益增长的物质需求，大大降低物质消耗。经济体系各产业部门协调运作，将一个部门的废弃物用作另一个部门的原材料，从而实现“低开采、高利用、低排放”，进而形成“最优生产、最优消费和最少废弃”的社会。

（二）循环经济的定义

目前，国家发展和改革委员会对循环经济的定义被普遍应用。循环经济是一种以资源的有效和循环利用为核心，以减量化、再利用、资源化为原则，以低消耗、低排放、高效率为基本特征，符合可持续发展理念的经济增长模式，是大规模生产、大规模消费、大量废弃的传统增长模式的根本转变。深度分析循环经济的定义，它集清洁生产、资源综合利用、生态设计和可持续消费于一体。运用的是生态学规律，把经济活动组织成资源—产品—再生资源流程，该流程是一种反馈式流程，进而实现了“低开采、高利用、低排放”，使进入系统的物质和能量得到最大利用，提高资源的利用率；使污染物排放能够大幅度地减少，提升经济运行质量和效益，使生态环境得到有效的保护。

（三）循环经济的基本原则

发展循环经济以减量化（reduce）、再利用（reuse）、再循环（recycle）作为经济活动的基本准则，称之为“3R”准则。

（1）减量化。

减量化原则属于输入端方法，目的是减少进入生产和消费流程的物质量。在生产中，企业可以通过减少每种产品的材料使用和重新设计制造工艺来节约资源和减少污染物排放。例如，对产品进行小型化设计和生产，既可以节约资源，又可以减少污染物的排放；再如用光缆代替传统电缆，可以大幅度减少电话传输线对铜的使用，既节约了铜资源，又减少了铜污染。在消费中，人们可以通过选购包装少的、可循环利用的物品，购买耐用的高质量物品，来减少垃圾的产生量。

（2）再利用。

再利用原则属于过程性方法，目的是延长产品服务的时间，也就是说人们应尽可能多次地以多种方式使用所购买的物品。在商品生产中，企业可以使用标准尺寸进行设计，使电子产品的许多元件可以便捷地更换，而不必更换整个产品。例如，一些欧洲汽车制造商设计汽车考虑其易于拆卸和再利用。在消费过程中，通过提高物质的使用效率，做到多次使用、重复使用，而不是一次性使用，可以防止物品过早地成为垃圾。

（3）再循环。

再循环原则即资源化原则，属于输出端方法，即把废弃物变成二次资源重新利用。资源化能够减少末端处理的废物量，减少末端处理，如垃圾填埋场和焚烧场的压力。

资源利用可分为两类。一类是初级资源利用，即在消费者不需要的商品或资源之后形成一种新产品，如利用废纸生产再生纸等。另一类是二次资源变成不同类型的新产品。将可转化为资源的材料（即再生材料）分离是资源利用过程中的一个重要环节。原水平资源可减少所成型产品中20%～90%的原料用量，而次级资源化减少的原生物质使用量最多只有25%。

需要指出的是，“3R”原则在循环经济中的地位和作用不是并列的。“3R”原则的优先顺序是：减量化，然后再利用，最后再循环。（如图8－1所示）其意义是，首先要从经济的源头减少污染物的产生，因此企业应该尽量避免在生产阶段和使用阶段排放各种废物。其次，对于源头不能消减以及消费者使用的包装物等要加以回收利用，使它们回到经济周期中去。只有那些不能使用的废物才允许无害化处理。

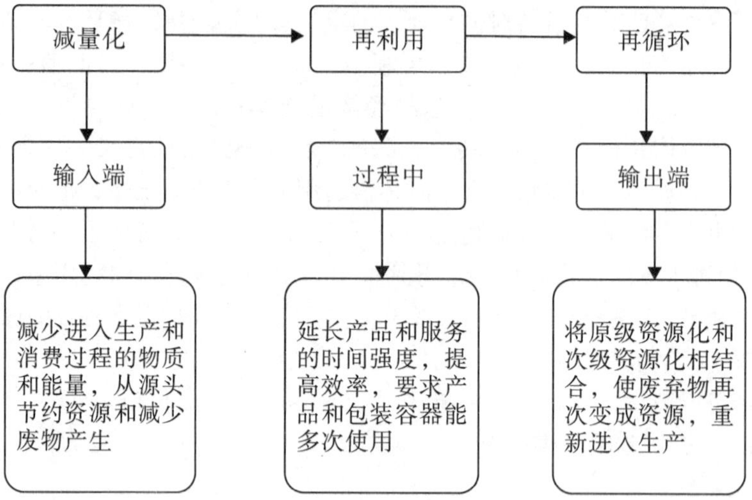

图8－1 循环经济“3R”原则

二、循环经济的实施

（一）循环经济实施的层次性

循环经济的实施可以从三个层面实现物质的闭环流动：企业（小循环）、区域（中循环）和社会（大循环），进而形成一体化循环经济体系。

（1）企业层面。

企业层面上的小循环，通过清洁生产的实施，降低产品和服务对材料和能源消耗，减少有毒物质的排放，加强物质的回收能力，最大限度地可持续利用可再生资源，提高产品的耐用性，增强产品和服务的实力，实现污染物排放量最小化。

企业是消耗资源和形成产品的场所，实施循环经济必须从企业抓起，深入贯彻低消耗、高利用、低排放的理念。美国杜邦公司是实施企业循环经济的一个典型例子。20世纪80年代末，杜邦化学公司创造性地将“3R”原则发展成为与化学工业实际相结合的“3R制造法”，以实现少排放甚至零排放的环境保护目标。到1994年，杜邦公司通过放弃使用某些有害环境的化学品、减少某些化学品的使用，以及发明一种回收本公司产品的新工艺，减少了塑料废物和空气污染物的排放。同时，在废塑料的化学品如废弃的牛奶盒和一次性塑料容器中回收的化学物质，开发了一种耐用的乙烯基材料“维克”等新产品。1997年，它重组了“地毯回收计划”，美国80家杜邦零售商参与了这项计划，每年回收废地毯约1万吨。

（2）区域层面。

区域层面上的中循环，是通过企业间的物质、能量和信息集成，形成企业间的工业代谢和共生关系，建立生态工业园，是区域层面上实施循环经济的典型模式。

生态工业园是基于循环经济和工业生态学原理的新型工业组织。通过模拟自然循环系统的办法建立工业系统“生产者—分解者—消费者”，以实现物质循环闭环和能量的多层次利用。工业园区的物流和能流模拟自然生态系统，建立工业生态系统的“食物链”和“食物网络”，形成互利共生的网络，实现物流的“闭环循环”，进而实现物质和能源的最大利用。

丹麦小镇卡伦堡近郊的生态工业园，堪称是目前世界上最典型、最成功的。园区以发电厂、炼油厂、制药厂、石膏板厂四大企业为核心，形成产业链，企业以贸易的方式将其他企业的废弃物或副产品作为企业的生产原料，建立了产业横向与代谢生态链的关系，生产发展和环境保护得以良性循环。

1993 年以来，在美国环境保护署（EPA）和可持续发展总统委员会（PCSD）的支持下，美国也出现了一些生态工业园项目，涉及生物能源开发、废物处理、清洁工业、固液废物回收等方面。奥地利、瑞典、爱尔兰、荷兰、法国、意大利和其他国家的生态工业园区也迅速发展起来。

我国从 1999 年开始生态示范区的建设。首先启动的是广西贵港国家生态工业示范园区的规划建设，该园区以贵糖（集团）股份有限公司为核心，以蔗田系统、制糖系统、酒精系统、造纸系统、热电联产系统、环境综合处理系统为框架，通过盘活、优化、提升、扩张等步骤，建设生态工业示范区。除此之外还有南海国家生态工业园区、包头国家生态工业示范园区、石河子国家生态工业示范园区、长沙黄兴国家生态工业示范园区、鲁北国家生态工业示范园区等。

（3）社会层面。

在社会层面上，通过废弃物的回收和利用，实现消费过程中和消费过程后的物质和能量循环。社会层面的大循环有两个方面：政府的宏观政策引导和公众的微观生活行为。

德国双轨制回收系统（DSD）是循环经济在社会层面的典型实践，它是一种针对消费后排放的循环经济。双轨制回收系统是一个非政府组织，专门从事包装废物的回收和利用，它接受企业的委托，组织收货人对包装废物进行回收和分类，并将其送给相应的资源再利用制造商回收，并将可直接回收的包装废物送回制造商。自 1991 年德国的 DSD 系统运行以来，3000 万吨的包装材料已经被回收，1998 年一年的回收量达到 560 万吨；人均包装材料消费量由 97.4 千克下降到 82 千克，下降了 13.4%。

（二）国内外的实施情况

1. 国外实施的情况

（1）日本的循环经济。

日本是循环经济起步最早、环境立法最为完善的国家之一，特别是在循环经济政策及相关法律的制定和实施上已颇有成效。纵观日本的循环经济发展历程，有以下几个特点。

注重立法。日本促进循环经济的法律体系可以分为三个层面：第一层面为一部基本法，即《推进建立循环型社会基本法》；第二层面为两部综合性法律，即《固体废弃物管理和公共清洁法》和《促进资源有效利用法》；第三层面为根据产品的性质制定的法律法规，如《家用电器回收法》和《绿色采购法》等。

扩大生产者的责任。日本法律明确生产者是承担回收费用的主体，消费者有义务合作。为避免产品过多、过快地转变为废物，企业在设计阶段就要考虑产品将来易于循环利用，降低处理难度。日本将建立循环型社会的责任扩大到生产者，是一个巨大的进步。

全社会共同参与。为了促进国民在生活中节约资源、节省能源，中央政府、地方政府、社团、协会等积极开展有效的国民运动；同时注重科学技术，如污染治理技术、废物利用技术以及清洁生产技术等来开发资源、提高资源利用效率、保护环境，推进循环经济和建设循环型社会。

预防在先的环保理念。对于已经产生的环境污染进行治理会导致更大的成本，最明智的办法就是对潜在的环境问题实施事前预防，但是现实实施中这一原则往往会由于各种原因被忽视或搁置。中国近年来经济高速增长，所经历的环境问题与日本战后经济复兴时期有很多相似之处。中国总体来看正处于由大气污染、水污染为主的产业环境公害防治时期向以汽车尾气、垃圾排放为主的生活污染物防治时期转变，在一些大城市，后者的表现已经相当明显。日本的环境问题治理历史，特别是循环型经济社会体系的建立，对于今后中国的环境保护和可持续发展战略的实施，无疑具有重要的参考意义。

（2）德国的循环经济。

德国在发展循环经济方面走在世界的前列。德国的循环经济起源于“垃圾经济”。原因是在20世纪70年代，德国有5万家废物储存厂，其中大部分由于管理不善而造成二次污染。德国使废弃物经济管理贯穿于整个经济循环当中，其政策重心首先是资源保护，其次是尽可能有效地处理废物。在废弃物管理方面坚持预防为主、产品责任制和合作原则，着眼于避免不必要的废弃物的产生。法律是德国成功推动循环经济发展的重要手段，在严格执法的基础上，鼓励来自工商企业界的承诺，形成了一套完善的废弃物管理体系。循环经济已经成为德国企业以及普通民众生活中的一部分，而垃圾处理和再利用是循环经济的核心。德国发展循环经济的历程有以下几个方面的经验。

扩大生产者责任。生产者责任延伸是指生产者对产品的责任延伸到产品生命周期的最后阶段，即产品使用结束后，生产者不仅对产品的性能负责，而且还承担了产品从生产到废弃的责任。因此原材料的选择、生产过程的确定、产品使用过程以及废弃等各个环节都是生产者应当考虑的。最初形成于德国这种思维方式，随后影响到整个欧洲。

注重实施的可行性。有一套促进循环经济发展的法律、法规和政策。在市场经济条件下，循环产业可以有市场、有利润、有开发新产品和新技术的能力、有后续发展的能力，这是循环经济得以可持续发展的重要经济环境。

政府与工商界的坦诚合作。政府与工商界的坦诚合作是实现减少废弃物的关键所在。通过对不同的废料设置减少和回收目标，政府强调，企业界的自愿承诺是主要的，而法律约束力只是起到辅助作用。这种自愿承诺原则最成功的例子是企业和政府就废旧电池、纸张、汽车和建筑废料的回收和利用达成协议。

循环经济有利于增加就业。与传统的线性经济不同，循环经济正通过延长经济链来增加就业。和循环经济促进社会服务的发展相一致，循环经济使焦点从生产转移到维护工作。在市场变化方面，线性经济依赖市场变化，循环经济具有稳定的特征。就业空间方面，线性经济是全球化就业，而循环经济是联系地方化的就业。

2. 国内实施的情况

中国人口众多，资源相对贫乏，生态环境脆弱，在这种情况下，资源存储量和环境承载能力不能承受传统经济形式下的高消耗和高污染。如果继续走传统经济发展道路，沿用“三高”（高消耗、高能耗、高污染）粗放型模式，以末端治理为环境保护的手段，不能从根本上缓解环境压力。因此，大力发展循环经济，促进清洁生产，可以最大限度地减少经济活动对自然资源和生态环境的影响。用高新技术和绿色技术改造传统经济，使中国经济和社会真正走上可持续发展的道路，这是国外成功的经验对我们的启示。

近年来，循环经济在我国开始被人们关注，并在理论上进行了探索。自 1999 年以来，国家环境保护主管部门把发展循环经济和生态工业园区建设作为提高区域环境质量、促进区域可持续发展、实现区域经济与环境“双赢”的重要举措。积极试点，稳步推进，已建立了成熟的工业生态示范园区。

（1）贵港国家生态工业示范园区。

贵港国家生态（糖业）工业示范园是以贵糖（集团）股份有限公司为基地，由甘蔗田系统、糖类系统、酒精系统、造纸系统、热电联产系统和环境综合处理系统六大系统组成。通过重振、优化、增强、膨胀步骤，实现园区资源的最佳配置和废弃物的有效利用，将环境污染降至最低水平，从而逐步完善生态工业示范园区。

（2）南海国家生态工业示范园区。

南海国家生态工业示范公园以华南环保科技工业为核心。根据循环经济的理念规划和设计园区。通过建设环保科技产业园、虚拟生态工业园产业链，分别建立资源再生园区、零排放园区和虚拟生态园，实现园区、企业、产品的生态管理。

（3）衢州沈家生态工业园区。

浙江省衢州沈家生态工业园区已有几十家化工企业入驻，并已成为当地经济发展支柱。该园区在建设规划过程中，着重从产品规划、物质集成、废水集成和信息系统建设等方面入手，从而推动了园区的高效管理，为企业和园区的互动提供了重要途径。

（4）天津经济技术开发区生态工业园。

天津经济技术开发区生态工业园兴建了污水处理厂、电镀废水处理中心等环保设施。在工业园的企业中，把推行清洁生产作为生态工业园建设的切入点，逐步完善环境管理信息系统和环境事故紧急响应系统等环境管理基础设施，为生态工业园建设奠定了扎实的基础。

综上所述，循环经济在国内已形成了蓬勃发展的趋势，生态工业园中的企业改变了污染处理方式，从企业对污染的末端治理为主向全过程污染预防与控制为主，再辅以末端的污染治理方式的转变，最大限度地减少污染。生态工业园区以生态为中心，协调产业体系与生态环境，实施循环经济模式。因此企业实行全生产过程的污染防治，生产无污染产品并提供产品全生命周期的环境承诺，从提供产品到提供职能服务，极大地减少对环境的污染与破坏。

三、发展循环经济的对策措施

（一）我国发展循环经济面临的问题

循环经济经历多年的发展，有了很大的提升和进步，在某些领域取得了显著的成效，但同时循环经济的发展也存在一些不足之处。

（1）对循环经济的认识不全面。

目前仍有很多人对循环经济的认识不够全面，存在局限性。将循环经济理解为存在于社会的一些静脉产业，忽视了企业与企业之间、产业与产业之间的循环联系。另外，公众参与也是循环经济必不可少的一环，只有人们广泛参与到循环经济的具体实践中，才能形成全社会共同参与进而促进经济方式转变。

（2）循环经济制度尚不完善。

虽然经济发展是以市场为主导的，但限制和调节经济活动也是非常重要的，对于循环经济的发展，制度同样重要。但是，就我国的实际情况而言，循环经济发展的制度保障并不是很全面，既有制度上的遗漏，也有一些制度上的缺陷。特别是快速增长的社会发展趋势，系统的发展跟不上更新的实际变化，导致不能为循环经济起到制度保障作用。

（3）技术创新能力不足。

发展循环经济，关键是要充分利用和循环利用各种资源，最大限度地减少资源的浪费和损失。但是，从目前的实际情况来看，我国不同产业的技术发展水平存在着很大的差距，而高新技术产业的一些技术水平已经达到了世界领先水平，一些传统或技术导向的产业，技术水平几乎没有太大发展。这样的情况就导致循环经济只有在部分行业中才能显现出效果，而在另一部分行业中，由于技术水平较低，要实现高效的循环是比较困难的。

（4）循环经济产业发展不平衡。

循环经济的发展需要不同行业之间的对接。但是，我国目前整体经济产业结构不是很合理，高科技、高水平的行业较少，而且分布零散、缺乏监管，这为循环经济的发展造成了显著障碍。此外，产业结构问题不仅影响循环经济的发展，而且影响到各产业的可持续发展。同时，在第一、第二和第三产业中，整体结构的不合理，也会导致循环经济的发展陷入困境。

（二）发展循环经济的对策措施

（1）完善制度，引导循环经济发展。

在循环经济发展的过程中，要注重完善制度，只有制度做好了保证，才能确保循环经济快速而稳定的发展，并取得可靠的结果。首先，应补充相关制度。目前，循环经济的发展带来了一些新的问题，如生态问题、经济问题等，这些新问题在以前是没有过的，在系统上没有相应的规定。所以，需要针对这些没有制度的方面，及时制定合理的制度，用以规范约束经济活动。其次，要完善现有制度。目前，我国在发展循环经济方面还存在一些适用的制度。然而，由于产业的扩张和经济的多元化发展，在体制上存在着一些漏洞。因此，需要及时地对这些漏洞进行弥补。最后，要建立保障和刺激循环经济发展的配套辅助机制。

（2）努力提高技术水平，推动循环经济。

科学技术是经济发展的内在动力，经济的快速发展伴随着技术进步。因此，在循环经济发展的过程中，需要努力提高技术水平。首先，对于低技术产业，要大力研发新技术。具体而言，可以对技术创新给予一定的奖励和政策优化，这样可以促进技术的创新和发展。其次，要加强技术的交流和对接。如果只依靠自主创新发展技术，花费的时间会比较长。因此，为了更快地发展循环经济，可以在不同企业和不同行业之间进行技术交流互动，不同企业、不同产业之间进行技术交互，彼此借鉴、取长补短，促进双方技术水平的有效提升，为循环经济的发展注入强劲动力。

（3）调整产业结构，为循环经济铺平道路。

产业结构问题是制约循环经济发展的关键因素之一，因此有必要根据经济实际对产业结构进行调整。首先，需要对第一、第二和第三产业的结构进行优化，使其处在一个合理的状态，为资源的循环利用和经济发展奠定基础。其次，要优化各行业内部结构。对高端企业和低端企业进行优化，形成完善的产业链，让循环经济的发展具有完整的渠道。

（4）用生态规划为循环经济开道。

生态规划是在生态学原理和城乡规划原理指导下，运用系统科学和环境科学方法，识别、模拟和设计人工复合生态系统中的各种生态关系，确定资源开发、利用和保护的生态适宜性，探索改善系统结构和功能的生态建设对策，促进人与环境关系可持续协调发展的规划方法。生态规划的特点如下：以人为本；以资源环境承载力为前提；系统开放，优势互补；高效、和谐和可持续。生态规划尊重自然，保护自然，尽量小地对原始自然环境进行变动；生态规划“软硬结合”，既注重物质环境（“硬”）的生态规划、设计和塑造，以满足人的生理需要，又注重对社会人文环境精神领域（“软”）的改造和培育，以满足人的心理需求；生态规划因地制宜，巧妙利用自然地形地貌，就地取材，借用外部的河流、山冈、林木等景观，对环境进行规划和设计，最小限度地改变自然环境原本的特征；生态规划强调对能源资源的高效利用，减少各种资源的消耗，遵从“3R”原则。

（5）加强循环经济的宣传和教育。

在高等教育中，应建立与循环经济相关的课程；通过媒体和不同手段大力开展循环经济宣传活动；积极倡导绿色消费和垃圾分类，使社会各阶层人士都能了解和认识循环经济；优先回收和使用再生产品、环境标志产品和绿色产品，培育稳定的产品市场。

发展循环经济有利于提高经济增长质量、保护环境、节约资源，是走新型工业化道路的具体体现，是转变经济发展模式的现实需要，是符合国情、造福国家和人民、前景广阔的事业。只要全社会积极行动，共同努力，大力发展循环经济，就一定能为全面建设小康社会做出更大的贡献。

第二节 绿色发展

绿色发展是以效率、和谐、持续为目标的经济增长和社会发展方式。当今世界，绿色发展已经成为一个重要趋势，许多国家把发展绿色产业作为推动经济结构调整的重要举措，突出绿色的理念和内涵。绿色发展与可持续发展在思想上是一脉相承的，既是对可持续发展的继承，也是可持续发展中国化的理论创新，是中国特色社会主义应对全球生态环境恶化客观现实的重大理论贡献，符合历史潮流的演进规律。

一、绿色发展的提出与概念

（一）绿色发展的提出

“绿色经济”这一概念，由英国环境经济学家大卫·皮尔斯等人于1989年在其撰写的《绿色经济蓝皮书》中首次提出，他们认为，经济发展必须以人类赖以生存的生态环境为基础，破坏生态环境和超出人类承受范围的经济发展无法持续，必须建立一种“可承受的经济”。在此种经济模式下，发展环境友好型的技术和工艺，将创新型技术应用到生产部门，改进工艺流程，使生态、经济和社会效益结合起来，增加产品的有效供给，最终使经济持续发展。

联合国开发计划署发表了《2002年中国人类发展报告：让绿色发展成为一种选择》，该报告在绿色经济基础之上最早提出“绿色发展”观念。报告提出让绿色发展成为一种选择，选择一条以环境保护为前提的绿色发展之路。中国的现代化发展速度快，必须制定出一整套的政策与实践相配合，才能选择正确的发展之路。

20世纪90年代，国内一些著名学者开始关注绿色发展。胡鞍钢教授在《全球气候变化与中国绿色发展》一文中首次提出在我国实施绿色发展，他认为全球变暖是一个全球性的问题。随后，赵建军和杨发庭学者在《推进中国绿色发展的必要性及路径》中，结合国外的发展情形对绿色发展进行了全面的分析和研究。

2003年，中共中央在十六届三中全会上明确提出，统筹协调人与自然的有序发展，建立促进可持续发展的经济社会机制，坚持以人为本、全面协调可持续发展的理念，促进经济社会全面发展以及人的全面发展，将绿色发展理念列入国家基本大政方针。中共十七大提出，深入贯彻落实科学发展观和生态文明建设，树立绿色发展理念、发展绿色经济、走绿色发展道路。2011年，《中华人民共和国国民经济和社会发展第十二个五年规划纲要》中将“绿色发展”独立成篇。2012年，党的十八大提出深入贯彻落实科学发展观的基本要求之一是，着力推进绿色发展，要为人民创造良好的生产生活环境，为全球生态安全做出贡献。《中华人民共和国国民经济和社会发展第十三个五年规划纲要》第一次指出推动建立绿色低碳循环发展产业体系。习近平总书记进一步阐述了推进绿色发展，加快建立绿色生产和消费的法律制度和政策导向，建立健全绿色低碳循环发展的经济体系的必要性和紧迫性。2018年3月11日，第十三届全国人民代表大会第一次会议通过的《中华人民共和国宪法修正案》把“生态文明协调发展”写进宪法序言

第三十二条中。2020 年 5 月 28 日，第十三届全国人民代表大会第三次会议通过《中华人民共和国民法典》中第九条明确规定："民事主体从事民事活动，应当有利于节约资源、保护生态环境"。

（二）绿色发展的概念

对绿色发展的认识是随着资源环境对经济和社会发展的约束不断增大而加深的，探索一种超越可持续发展的模式成为人类的必然选择。长期以来，人们普遍认同"绿色发展就是将绿色经济与经济发展相结合的经济发展模式，绿色经济不是经济发展的障碍、成本和负担，而是经济发展新的推动力、利润和增长点。它涵盖了环境保护、可持续发展、生态经济、循环经济、低碳经济等概念，依靠发展绿色产业、增加绿色岗位、提供绿色产品，实施绿色消费，促进经济、社会、资源与环境相互协调的发展"，对中国绿色发展的实践起到巨大的推动作用。

在生态文明理念的指导下，绿色发展是一种既能满足人类生存和发展的需要，又能保护自然的发展模式，既能在不损害子孙后代生存和发展需要的前提下满足全人类的需要，又能满足人类的物质需要和人类心灵的精神需要，满足自然界生物发展的需要，满足人与自然协调发展的需要。

二、绿色发展的内容与基本内涵

（一）绿色发展的内容

绿色发展的概念和内涵丰富，主要包括以下几个方面。

（1）绿色环境发展。

绿色环境发展是指合理利用自然资源，防止污染和破坏自然和人类环境，保护自然环境和地球有机体，改善人类社会环境的生活条件，维护和发展生态平衡，并协调人与自然环境的关系，以保证自然环境与人类社会的共同发展。同时，对受到污染和破坏的环境必须综合治理，建设适合于人类生活和工作的环境，促进经济和社会的可持续发展。特别是要加强现有的生态和自然资源的保护，积极开展废弃物污染防治，建立一个美丽的地球。

（2）绿色经济发展。

绿色经济发展是指以可持续发展理念为基础，致力于改善人类福利和社会公平的新的经济发展理念。绿色经济发展是绿色发展的物质基础，涵盖两个方面。一方面，经济要环保。任何经济行为必须以保护环境和生态健康为基本前提，任何经济活动不能以牺牲环境为代价，而且应该有利于环境保护和生态健康。另一方面，环保要经济。也就是说，要从环境保护活动中获得经济效益，把生态健康作为一个新的经济增长点，实现"从绿色挖金"。要以生态文化培育为重要支撑，协调推进新型工业化、城市化、信息化、农业现代化和绿色化，牢固树立"绿水青山"的理念，坚持以经济第一、保护第一、自然恢复为基本方针，以绿色发展、循环发展和低碳发展为基本途径。

（3）绿色政治发展。

绿色政治发展是指政治生态清晰、良好的政治环境。绿色政治发展的实质和核心是人民当家作主，是最广大人民享有的最广泛的民主。在此基础上，用生态文明理念把长期以来社会发展中的经验教训加以总结和概括，形成社会全体成员必须共同遵守的法规、条例、规则等制度，使人们的经济生活、政治生活、文化生活、社会生活逐步走向规范化、制度化，指导社会成员的生活，规范人们的行为。为了使生态文明建设稳步推进，必须从制度上保证，建立符合国家意志、由国家强制力保障的完善的法律规范，同时实现法制的生态化转型。健全完善的法律制度不仅是生态文明建设的法律保障，也是衡量我国生态文明发展程度的重要标志。

（4）绿色文化发展。

绿色文化的发展并不随着社会生产力发展而发展，生态文化的意识在人们的心目中被淡化，过量地向自然索取，打破了人类与自然环境之间的和谐，因此生态平衡遭到破坏。绿色文化作为一种文化现象，是与环保意识、生态意识、生命意识等绿色理念相关的，以绿色行为为表象，体现了人类与自然和谐相处、共进共荣共发展的生活方式、行为规范、思维方式以及价值观念等文化现象的总和。绿色文化是绿色发展的灵魂。绿色文化作为一种概念、意识和价值取向，始终渗透并影响着绿色发展的方方面面，起着灵魂的作用。进一步弘扬绿色文化，使绿色价值观深入人心，对于我国顺利完成经济结构调整和发展方式转变，促进绿色发展，具有重要的现实指导意义。

（5）绿色社会发展。

绿色社会和谐发展是以生态文明观为指导，在迈向生态文明社会的进程，建设资源节约型和环境友好型社会，社会管理创新，倡导绿色生活方式；根据发展情况和新问题，有针对性地发展各项社会事业，建立和完善社会结构和经济结构的不同时期适应；通过区域发展，形成劳动力，特色明显，优势互补的区域产业结构的合理分工，促进合理社会阶层结构的形成；以社会公平和正义为基本原则，改善社会服务；促进社会组织的发展，加强政府和社会组织，不同社会组织之间的相互合作和协作，社会资源的有效配置，加强社会协调，化解社会矛盾之间的分工。

（二）绿色发展的基本内涵

绿色发展的内涵是以绿色规划为引领，打造绿色格局；以绿色转型为动力，提升绿色实力；以绿色生态为基础，构建绿色屏障；以绿色生活为导向，增进绿色福祉。要理解这一内涵，首先应在经济活动的决策过程中加入维护生态平衡的意识，其次是以为人民幸福生活提供保障为前提去关注人们的生活品质，再次是在尊重自然法则的前提下发展经济，最后要统筹经济利益与社会公平发展。在生产、生活方式上，绿色发展是一种生长式的发展，强调的是绿色化与生态化，追求经济发展与生态环境、社会环境相协调，人的发展与社会发展相统一。此理念认为人类是整个生态环境的一部分，因此既要满足人类的需求又要促进生态环境的更优化，最终实现人类与自然的共生共荣。绿色发展提倡用一种文明的方式与自然和谐相处，而不是用一种野蛮和粗鲁的方式去对待自然，以建设生态文明、追求大多数人共享的绿色福利为愿景。绿色发展是把绿色创新作为动力，在尊重人的创造精神的基础上提高人的综合素质，有助于实现人的全面发展。

（1）绿色发展强调经济增长的数量，更强调质量，注重理性发展。

绿色发展首先是发展，但强调发展的道路是绿色的。因此，绿色发展更注重数量的增加和质量的提高。在经济方面，绿色发展特别强调了经济增长的“健康状况”，新财富的内在品质应该是不断地、持续地改善和提高。除了继续理顺和优化结构外，新财富在资源消耗和能源消耗方面会越来越少，在生态环境干扰强度方面会越来越少，在知识含量和非物质化方面会越来越高，在整体利益获取方面也越来越好。这种发展是一种健康的发展和理性的发展，也符合联合国教育、科学及文化组织在20世纪90年代的声明："发展越来越被视为社会灵魂的觉醒。"

（2）绿色发展强调经济社会生态的相互协调，注重可持续发展。

人类的生存和发展是基于自然规律、资源合理利用及对环境的尊重。生态环境和自然资源既是绿色发展的内生变量，也是前提条件，生态环境容量和自然资源的承载能力是其刚性约束。因此，绿色发展应注重经济增长与生态环境的协调与可持续性，必须在资源再生与环境承受能力之间的边界内控制经济规模。既要考虑当代的开发利用，又要考虑子孙后代的可持续利用，以全面提高人类的生活质量。同时，要形成可持续发展模式，基于初级资源投入的产业发展模式最终是不可持续的，必须建立以绿色产业为支柱的经济发展模式。因此，绿色发展是一个广泛的概念，是人类经济发展的新方向。

社会是人类生存的载体，是固定化了的人类行为的秩序规范。人类社会在自身不断发展的过程中，也在不断地向自然索取。这种索取包括了自然给我们提供的整体环境条件，还包括气候、生物资源、水资源、土地资源、能源，以及实现工业文明的各类矿产资源。这个索取过程促进了经济的发展，可是人类在自己的生存和发展过程中对自然本身的回馈水平和强度抵消不了人类向自然的索取。如果我们没有达到需求和反馈的平衡，最终结果就是我们受到了自然的惩罚。这种平衡应该是可持续发展的一大主线，是绿色发展所强调的。

（3）绿色发展强调"以人为本"，注重"两型"社会建设及和谐发展。

绿色发展的核心是"以人为本"。在人的全面发展过程中，存在着两种基本关系，即人与自然的关系和人与人的关系。众所周知，发展和严重恶化的环境之间的关系中，出现了一系列的资源和环境问题，如消耗资源和能源，环境污染和生态破坏，全球气候变化；研究表明，不仅发达国家和发展中国家之间的收入差距有逐年上升的趋势，不同地区的国家之间的收入差距也越来越大。因此，绿色发展应该正确处理这种关系，真正实现人与自然、人与人的和谐。在人与自然的关系中，绿色发展强调对自然资源的综合开发利用，发展循环经济，使资源得到最大程度的利用，做到资源节约型发展；同时强调转变发展方式、优化产业结构、培育绿色产业、开发新型能源，实现低碳发展，做到环境友好型发展。

人与自然的关系问题，实际上也是人与人的关系问题的延伸。如果解决不好人与人的关系问题，就不可能解决好人与自然的关系问题。绿色发展需要通过改善生态来改善民生。也就是说改善生态只是手段，改善民生才是目的。不能为改善生态而改善生态，而始终应在坚持"以人为本"的原则下为改善民生而改善生态。只有生态与民生相结合，"绿"和"富裕"相结合，经济效益、社会效益和生态效益相统一，绿色发展才能取得最终的成功。另一方面，改善生态与改善民生又是统一的，因为良好的生态、适宜人居的环境本身就是改善民生的重要内容。保护良好的生态环境，是对民众最大的造福，也是对民生最大的照顾。

三、绿色发展理念的实践路径

（一）强化绿色改革和制度保障

制度建设是改革和发展的重中之重，践行绿色发展，要纳入法治范畴，以“制度”规范人们的行为习惯，以“法治”将绿色发展理念践行推向新高度。同时坚持激励和约束并举，强化制度和法治意识，全面深化相关领域的改革，实现永续发展。

（1）推动体制革新。

体制改革和创新，就是要使绿色发展切实进入经济社会发展的具体决策中，建立有效的环境与发展综合决策机制。首先是构建科学的管理新格局。从国家顶层设计出发，遵循“一事一管”原则，贯彻“大环保”“大生态”理念，精简政府部门的叠加职能，打破部门性、分割性等固有的行政壁垒，形成全方位和多层次的生态管理布局，确保分工与合作的顺利进行。其次是创新生态管理运行机制。要建立环保部门与财政、人事等部门的工作协调机制，以保证人力和财政资源可有力支撑；再次是健全环保部门与经济发展部门的协调机制，妥善平衡好区域内部各参与主体的利益，使经济建设与绿色发展一体共进。

绿色发展方式的转变离不开市场机制的作用。建立健全的市场体系有利于将绿色发展的各种利益主体联系起来。一要充分发挥市场机制在资源和要素价格形成中的作用，完善能源与资源价格的市场化机制，充分调动行业协会、企业、公众等各类市场主体的积极性，真实客观地反映市场供求关系、资源稀缺程度和环境损害成本，根据市场规律采取更多的行动，资源高效率或比较大的行业或领域的边际产品的分配，从根本上扭转资源利用效率低下甚至浪费的现象，我们将促进协调的经济和环境发展，促进外部成本的内部化。二要通过生态化管理，引导企业树立绿色竞争力意识，将生态理念植入企业的整体规划中，广泛运用绿色环保的生产方式和技术手段，为了满足对绿色产品日益增长的消费需求，着力构建产业生态网络集群，减少市场交易成本，提高企业及区域的竞争优势，尽可能地将相关产业组合成完整的循环系统，减少甚至消除企业的污染，实现经济、社会与生态效益的高度统一。

（2）健全法治体系。

由于时代发展，我国的法律体系还正在逐步健全，法律实施效果有待进一步提升。坚持绿色发展，必须建立健全法律制度，为绿色发展提供良好的法律保障。

完善法律、法规，依法促进绿色发展。绿色发展是对传统发展理念的深刻冲击和修正，梳理绿色发展理念，推进社会向环境友好、资源节约型转变，必须依靠严格规范完善的法律法规体系。制定完善的自然资源产权、空间规划、海洋、土壤、地下水管理、草原保护、湿地保护、生物多样性等方面的法律法规。修订《中华人民共和国水污染防治法》《中华人民共和国循环经济促进法》等相关法律，为绿色发展的推进提供有力的法治保障。

加强法律监督管理、推进法规落到实处。法律的生命和权威在于执行，绿色发展要落到实处，还有大量工作要做。法律实施过程中，要守法、严格执法、查处违法行为。绿色发展正逐步走上法制化轨道。

（二）构建绿色协同治理体系

绿色协同治理是指政府、企业、公众等通过协同合作，解决生态环境问题和经济社会问题，共同建立环境友好型社会。

（1）以政府为核心的绿色行政。

践行绿色发展理念过程中，政府在资源配置中扮演重要的角色。生态环境相关问题的解决需要政府充分利用资源，引导其他参与主体各尽其责，促进优势互补，打造绿色治理的基本框架。以政府为核心的绿色行政是绿色协同治理的关键。在我国，实现政府执政理念和实践的绿色转型需要在绿色决策机制、绿色绩效考核与问责机制、绿色监督机制等方面多管齐下。

绿色决策机制。绿色决策机制要设立与完善公众参与的环境听证制度、信息披露与反馈机制。一方面，要设立事前的环境听证制度；在另一方面，也要设立反馈机制，以改善环境问题。设立环境信息披露与反馈平台，使政府与企业相关行为能够被社会及时充分了解。

绿色绩效考核。多年来各地政府将经济增长等同于发展，一味强调 GDP 总量的增加，致使生态环境付出了代价。绿色考核不但要看 GDP，更要看绿色 GDP。绿色 GDP 考核的实施有利于加强社会的资源环境保护意识，增强政府对资源环境的保护力度，提升区域可持续发展能力。

绿色监督机制。一方面完善绿色法律法规监督，另一方面完善绿色财政监督，绿色财政监督的直接目的是发现问题并预防问题的再发生。

（2）以企业为核心的绿色生产。

企业的生产活动是环境问题产生的主要原因，推行绿色生产和循环经济是促进资源节约和环境保护的有效途径，可以保证经济发展对环境保护和资源节约的促进作用，解决环境污染与能源资源约束之间的矛盾，从而降低发展成本，对经济的可持续发展具有重要意义。

推进循环低碳的生产方式。按照清洁生产的“3R”原则，对物质资源及其废弃物进行综合再利用。生产过程中尽可能选择低排放、低消耗和高效率的清洁可持续的经济发展模式，提倡对资源进行循环重复利用以及高效率分配，减轻生态环境的承载压力。

推进生产方式绿色化。产品在设计过程中尽量使用可分解再利用的原材料。生产过程中，以清洁生产为标准，使用清洁能源，保证生产过程的清洁和产品清洁，尽可能减少污染排放。能源使用过程，尽可能采用再生、无污染的清洁能源。产品选用绿色包装。

（3）以个人为核心的绿色消费。

倡导绿色的生活方式，通过改变人们的生活习惯，让人们的消费模式发生变化，绿色发展理念融入人民群众的日常生活之中，这也成为绿色发展理念实践的重要路径。

树立绿色的生活理念。树立绿色的生活理念，需要转化传统的生活方式。一方面，让民众切实认识到绿色观念在生活中的作用。另一方面，需要对民众的思维以及行为方式进行积极的引导。民众绿色生活理念的形成，最终还要靠自己的思想转变，在民众思想构建过程中合理引导，促使民众摒弃铺张消费的观念，接受绿色生活理念。

培养绿色文明行为。绿色文明行为主要是提倡对自然资源的珍惜和节约，例如对水资源的节约。我国水资源分配不均，提倡一水多用、多次使用，杜绝浪费，不仅可以节约水资源而且也能够减少对水体的污染。交通方式的选择方面，提倡公共交通和绿色出行，多步行，多使用单车、公共汽车等交通工具，减少汽车尾气对空气的污染。

（三）推进绿色科技创新

发展绿色科技，离不开技术创新，绿色科技创新是推动绿色发展的技术保障。绿色经济正在全球兴起，发达国家正加大投资力度，支持节能环保、新能源和低碳技术等领域的创新和发展。发达国家在绿色技术上有明显优势，能源结构更加清洁和绿色。我国绿色技术相对落后，因此必须加大绿色科技的研发。首先，加大科研力度。人才是第一资源，是绿色科技创新中最关键的部分，培育和建设绿色科技创新人才队伍是关键，加大力度吸引各类绿色科技创新人才。同时大力推动绿色科研内容和科研形式的创新，全方位提升绿色科技创新人才的科研水平，推动绿色科技创新的发展。其次，加大资金投入。加大我国对绿色科技创新的投资力度，加大公共财政的投入。要鼓励企业增加对绿色科技创新的投资，采用财政补贴、税收等经济手段，减轻企业进行绿色科技创新的资金压力。

随着科技的不断进步和产业创新的不断加快，绿色创新越来越成为国家创新能力和核心竞争力的体现。为促进我国绿色科技的发展，更好地保护环境，需要不断加大政府对绿色研发、绿色科技的扶持力度。

（四）推进绿色文化教育

加强绿色发展的宣传教育工作，增强全民生态环境保护意识和勤俭节约意识，推行绿色文化教育是重要举措之一。

学校教育。环境保护、勤俭节约要从儿童抓起，开展绿色发展理念教育，培养中小学生的环境保护意识和承担环境保护的责任与义务。对于大学阶段的绿色发展教育，增设与环境保护相关的课程及知识竞赛，提高学生环保意识。

社会宣传。政府和社会团体发挥宣传作用，把党和国家推进绿色发展的方针传达到人民群众当中，利用基层组织的各种形式，让绿色发展的观念深入人心。同时利用大众媒体的正面导向作用，通过网络、电视、报纸杂志等渠道，公布环境质量信息，增加环境方面信息的透明度，积极曝光各类环境污染事件。重视社会宣传、企业宣传和环保组织宣传，让群众了解绿色发展的重要作用。

思考题：

（1）发展循环经济遵循的基本原则有哪些？

（2）简述发展循环经济的对策措施。

（3）结合自己所学专业，谈谈循环经济是如何在环境保护产业中实际应用的。

（4）绿色发展的内容包括哪些？

（5）简述绿色发展的实践路径。

（6）循环经济和绿色发展有何区别，如何理解二者之间的关系？

第九章　生态文明建设的法律和制度

要点导航：

掌握我国生态文明建设的法律体系。

熟悉我国生态文明建设的理念、原则和制度。

了解我国生态文明法律建设和进展。

改革开放以来，中国经济持续快速发展的成就举世瞩目，然而人们的生产生活对生态的破坏也越来越严重，自然资源逐渐匮乏，生态环境不断恶化。面对日益严峻的生态危机困境，党的十八大报告中明确提出保护生态环境必须依靠制度，党的十八届三中全会提出要进一步完善美丽中国的体制机制。生态文明法制建设是时代发展的必然要求，是完善国家治理的必由之路，也是美丽中国建设的重要保障。本章将系统介绍当前我国生态文明法律理念、生态文明法律体系、生态文明法律原则、生态文明法律制度。

第一节　生态文明法律理念

要推进生态文明建设和生态文明法制建设，首先要树立和落实正确的生态文明理念，用正确的理念统一思想、引领行动。生态文明法律基本理念是指合乎自然生态规律、社会经济规律和环境规律的基本观念。生态文明法律理念是对环境资源法律基本理念的提高和发展，反映了具有中国特色的生态文明思想和生态文明建设的实践经验。中共中央、国务院 2015 年印发的《生态文明体制改革总体方案》中将生态文明体制改革的理念归纳为："尊重自然、顺应自然、保护自然的理念""发展和保护相统一的理念""绿水青山就是金山银山的理念""自然价值和自然资本的理念""空间均衡的理念""山水林田湖是一个生命共同体的理念"。

一、尊重自然、顺应自然、保护自然

所谓尊重自然，是指尊重大自然的本性、生命力和价值，将大自然视为人类生态系统共同体的一员、对大自然保持一种谦恭的态度。大自然是人类赖以生存和发展的物质基础和基本条件。人类要认识到自然本身的价值和对人类生存发展的重要性，才会对大自然产生真正的尊敬。尊重自然原则体现了人类对自然生态系统的正确理解，是科学理性的升华。现代系统科学和环境科学已经告诉我们，人是自然生态系统的一个重要组成部分。自然系统的各个部分是相互联系在一起的，人类的命运与生态系统中其他生命的

命运是紧密相连、息息相关的。所以，要尊重自然就必须克服将自然视为征服对象、掠夺对象、剥削对象，将人类视为主宰者、统治者、征服者的人类沙文主义。

所谓顺应自然，是指认识和遵循大自然固有的规律，包括其物质循环、能量流动和新陈代谢等内在规律，遵循自然的规律开展利用自然的活动。这个顺应不是被动的服从，而是积极遵循、契合的意思。只有尊重自然及其成长规律，才可能去遵循、契合它；也只有顺应自然，遵循、契合自然规律，才能有效地保护自然和生态环境。

所谓保护自然，是对自然环境和自然资源的保护，是指对自然资源的妥善保护和合理开发利用自然资源、防治环境污染和生态破坏的活动。党的十九大报告提出："人与自然是生命共同体，人类必须尊重自然、顺应自然、保护自然。人类只有遵循自然规律才能有效防止在开发利用自然上走弯路，人类对大自然的伤害最终会伤及人类自身，这是无法抗拒的规律。"

二、发展和保护相统一的理念

中共中央、国务院印发的《生态文明体制改革总体方案》（2015 年 9 月）强调，"树立法治和保护相统一的理念，坚持发展是硬道理的战略思想，发展必须是绿色发展、循环发展、低碳发展，平衡好发展和保护的关系，按照主体功能定位控制开发强度，强调空间结构，给子孙后代留下天蓝、地绿、水净的美好家园，实现发展与保护的内在统一、相互促进"。

在过去相当长的一段时间，人们物质生活水平低下，近短期的经济快速增长往往是地方发展的首要目标。在工业文明或传统的发展观下，发展主要是指开发、利用、消耗自然资源的发展，偏重对经济效益的追求是全社会的普遍现象，环境保护机制长期缺位，使得发展过程中的生态环境约束越来越突出，进而制约着经济的可持续发展。经济社会永续发展需要自然资源、环境承载力的可持续支撑，只有将生态环境修复和保护放在更加突出的位置，才能确保未来的发展潜力不被剥夺，因此加强环境保护的行动实际上也是强化发展潜力的过程。按照生态文明观，发展是指建立在环境承载力基础上的发展，是指顺应自然规律的科学发展，是指可持续发展、协调发展、绿色发展、循环发展和低碳发展；保护是指顺应自然规律的科学保护、合理保护，是指按照主体功能定位对自然资源的合理利用、可持续利用，是给子孙后代留下可持续发展的物质基础和天蓝、地绿、水净的可持续发展空间。我国生态文明建设和生态文明法制建设的一项重要经验和成果是提出了协调发展、和谐发展、绿色发展和可持续发展的科学发展观，体现了发展与保护的内在统一。《中国共产党第十八届中央委员会第五次会议全体会议公报》（2015 年 10 月 29 日中国共产党第十八届中央委员会第五次全体会议通过）和《中共中央关于制定国民经济和社会发展第十三个五年规划的建议》（2015 年 10 月 29 日中国共产党第十八届中央委员会第五次全体会议通过）都强调，必须牢固树立创新、协调、绿色、开放、共享的发展理念。绿色发展的理念说明，生态文明视野下的发展与保护存在着内在的统一关系，发展是硬道理，保护也是硬道理，生态文明追求发展与保护的统一和协调，主张发展与保护的相互促进。

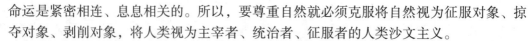

三、绿水青山就是金山银山、自然价值与自然资本的理念

中共中央、国务院印发的《关于加快推进生态文明建设的意见》（2015 年 4 月）、《生态文明体制改革总体方案》（2015 年 9 月）等党和国家的政策文件都强调“绿水青山就是金山银山”的理念，党的十九大将“树立和践行绿水青山就是金山银山的理念”写入中国共产党的党代会报告（2017 年 10 月），且在表述中与“坚持节约资源和保护环境的基本国策”一并，成为新时代中国特色社会主义生态文明建设的思想和基本方略。同时，《中国共产党章程（修正案）》在总纲中也增加了“增强绿水青山就是金山银山的意识”这一表述。“绿水青山就是金山银山”已成为党的重要执政理念之一。

这里的“绿水青山”是一种形象的、通俗的说法，它代表空气、原野、河流、海洋和野生动植物等自然环境资源要素。这里的“金山银山”也是一种形象的、通俗的说法，它代表可以经济价值衡量、金钱计量的财产或者财务。

中共中央、国务院印发《关于加快推进生态文明建设的意见》（2015 年 4 月）强调，“树立自然价值和自然资本的理念，自然生态是有价值的，保护自然就是增值自然价值和自然资本的过程，就是保护和发展生产力，就应得到合理回报和经济补偿”。自然资本由自然资源及其提供的生态系统服务所构成，维持着人类福祉及经济可持续性。把自然资产及生态服务价值纳入在国家及各层级决策之中，使自然资本成为主流经济，将突出其在维持“可持续、包容和公平”经济增长的重要地位。

四、空间均衡和山水林田湖草是一个生命共同体的理念

树立空间均衡的理念，把握人口、经济、资源环境的平衡点，推动发展，人口规模、产业结构、增长速度不能超出当地水土资源承载能力和环境容量。在此基础上，牢牢把握树立山水林田湖草是一个生命共同体的理念，按照生态系统的整体性、系统性及其内在规律，统筹考虑自然生态各要素，山上山下、地上地下、陆地海洋以及流域上下游，进行整体保护、系统修复、综合治理，增强生态系统循环能力，维护生态平衡。

第二节　生态文明法律体系

一、生态文明法律体系概述

从法律规范角度，生态文明法律规范体系，是指由相互联系、相互补充、相互制约，旨在调整生态文明建设活动的法律规范所组成的系统。从制定法的角度，生态文明法规体系又称立法体系，是指由相互联系、相互补充、相互制约的有关生态文明建设的法律、法规、规章和其他具有法律约束力的规范性文件所组成的系统。

目前，我国已经形成宪法、行政法、民商法、刑法、经济法、环境资源法、社会法、军事法和诉讼法等法律部门，生态文明建设虽然位置重要、内容丰富、范围广泛，但由于生态文明建设是最近才兴起的领域，在历史形成的法律部门中它很难以独立身份

插进去，所以我国法学界一般用环境资源法来代表生态文明建设法律，即将生态文明建设法律纳入环境资源法律体系之中。可从法律法规所规定的内容来认识法规体系，即根据生态文明建设法律法规的内容，将生态文明法律体系分为若干子体系。

在各种部门法中，环境与资源保护法成为独立的法律部门，并建立起比较完备的体系，虽然在时间上比别的部门法要晚得多，但由于它调整的对象和社会关系十分广泛，使其立法的数量远多于一般部门法，并且形成了一个规模很大的，居于国家法律体系第二层次的部门法体系。

环境与资源保护法体系是指由国家制定的开发利用自然资源、保护改善环境的各种法律规范所组成的相互联系、相互补充、内部协调一致的统一整体。我国的环境与资源保护法是以宪法关于环境与资源保护规定为基础，并由环境与资源保护基本法、保护自然资源和环境、防止污染和破坏的一系列单行法规和具有规范性的环境标准等所组成的完整的体系。

二、环境与资源保护法体系

综观我国现行环境与资源保护立法，环境与资源保护法体系由下列各部分构成：宪法关于环境与资源保护的规定、环境与资源保护基本法、环境与资源保护单行法规、其他部门法中的环境与资源保护法律规范、环境标准、我国参与的国际公约。

（一）宪法中有关生态文明建设及环境保护的法律规定

宪法关于环境与资源保护的规定，是环境与资源保护法的基础，是各种环境与资源保护法律、法规和规章的立法依据。把环境保护作为一项国家任务、职责和基本国策在宪法中予以确认，把环境与资源保护的指导原则和主要任务在宪法中做出规定，就为国家和社会的环境活动奠定了宪法基础，赋予了最高的法律效力和立法依据。2018 年 3 月 11 日第十三届全国人大一次会议第三次全体会议通过了《中华人民共和国宪法修正案》，把生态文明列为国家根本任务之一。

我国宪法对环境与资源保护做了一系列的规定。宪法第 26 条规定：“国家保护和改善生活环境和生态环境，防治污染和其他公害。”这一规定是国家对于环境保护的总政策，说明了环境保护是国家的一项基本职责。宪法第 9 条规定：“矿藏、水流、森林、山岭、草原、荒地、滩涂等自然资源，都属于国家所有，即全民所有；由法律规定属于集体所有的森林和山岭、草原、荒地、滩涂除外。国家保障自然资源的合理利用，保护珍贵的动物和植物。禁止任何组织或者个人用任何手段侵占或者破坏自然资源。”第 10 条第 1、2 款规定：“城市的土地属于国家所有。农村和城市郊区的土地，除由法律规定属于国家所有的以外，属于集体所有；宅基地和自留地、自留山，也属于集体所有。”这些规定，把自然资源和某些重要的环境要素宣布为国家所有即全民所有。全民所有的公共财产是神圣不可侵犯的，这就从所有权方面为自然环境和资源的保护提供了保证。第 10 条第 5 款规定：“一切使用土地的组织和个人必须合理地利用土地。”这些规定强调了对自然资源的严格保护和合理利用，以防止因自然资源的不合理开发导致环境破坏。宪法第 22 条第 2 款对名胜古迹、珍贵文物和其他重要历史文化遗产的保护也做了规定。

此外，宪法第51条还规定：“中华人民共和国公民在行使自由和权利的时候，不得损害国家的、社会的、集体的利益和其他公民的合法的自由和权利。”该规定是对公民行使个人权利不得损害公共利益的原则规定，其中当然也包括防止个人滥用权利而造成对环境的污染与破坏。

宪法的上述各项规定，为我国环境保护活动和环境与资源保护立法提供了指导原则和立法依据。

（二）基本法中有关生态文明建设及环境保护的法律规定

环境与资源保护基本法在环境与资源保护法体系中，除宪法之外占有核心的最高的地位。它是一种综合性的实体法，即对环境与资源保护方面的重大问题加以全面综合调整的立法，一般是对环境与资源保护的目的、范围、方针政策、基本原则、重要措施、管理制度、组织机构、法律责任等做出原则规定。这种立法常常成为一个国家的其他单行环境与资源保护法规的立法依据，因此它是一个国家在环境与资源保护方面的基本法。

1989年12月颁布的《中华人民共和国环境保护法》是我国的环境与资源保护基本法。该法于2014年4月24日第十二届全国人民代表大会常务委员会第八次会议修订，它对环境与资源保护的重要问题做了全面的规定。

（1）环境保护法的任务。

环境保护法的任务是保护和改善环境，防治污染和其他公害，保障公众健康，推进生态文明建设，促进经济社会可持续发展。

（2）环境与资源保护的对象。

环境与资源保护的对象是那些直接或间接地影响人类生存和发展的环境要素的总体，包括大气、水、海洋、土地、矿藏、森林、草原、野生生物、自然遗迹、人文遗迹、自然保护区、风景名胜区、城市和乡村等。这样的列举规定把生活环境和生态环境全部纳入了保护范围，从而确定了环境与资源保护的完整对象。

（3）我国的环境保护应采用的基本原则和制度。

将保护环境纳入国家的基本国策。国家采取有利于节约和循环利用资源、保护和改善环境、促进人与自然和谐的经济、技术政策和措施，使经济社会发展与环境保护相协调。环境保护坚持保护优先、预防为主、综合治理、公众参与、损害担责的原则等。

（4）环境保护法律义务。

一切单位和个人都有保护环境的义务。地方各级人民政府应当对本行政区域的环境质量负责。企业事业单位和其他生产经营者应当防止、减少环境污染和生态破坏，对所造成的损害依法承担责任。公民应当增强环境保护意识，采取低碳、节俭的生活方式，自觉履行环境保护义务。

（5）中央和地方环境管理机构对环境的监督管理职责。

县级以上人民政府应当将环境保护工作纳入国民经济和社会发展规划。国务院有关部门和省、自治区、直辖市人民政府组织制订经济、技术政策，应当充分考虑对环境的影响，听取有关方面和专家的意见。国家建立跨行政区域的重点区域、流域环境污染和生态破坏联合防治协调机制，实行统一规划、统一标准、统一监测、统一防治的措施。

实行环境保护目标责任制和考核评价制度。县级以上人民政府应当将环境保护目标完成情况纳入对本级人民政府负有环境保护监督管理职责的部门及其负责人和下级人民政府及其负责人的考核内容，作为对其考核评价的重要依据。考核结果应当向社会公开。

（6）保护自然环境的基本要求和开发利用环境资源者的法律义务。

国家在重点生态功能区、生态环境敏感区和脆弱区等区域划定生态保护红线，实行严格保护。各级人民政府对具有代表性的各种类型的自然生态系统区域，如珍稀、濒危的野生动植物自然分布区域，重要的水源涵养区域，具有重大科学文化价值的地质构造、著名溶洞和化石分布区、冰川、火山、温泉等自然遗迹，以及人文遗迹、古树名木，应当采取措施予以保护，严禁破坏；在风景名胜区、自然保护区内不得建设污染型工业企业，已经建成的要限期治理；加强对农业环境的保护，防止土壤污染、沙化和水土流失；等等。

（7）防治环境污染的基本要求和相应的义务。

产生环境污染和其他公害的单位，必须把环境保护纳入计划，建立环境保护责任制，采取有效措施防治废气、废水、废渣、粉尘、放射性物质、噪声、震动、恶臭等对环境的污染和危害；对严重污染企业限期治理；禁止引进不符合环境保护要求的技术和设备；发生环境污染的事故或突然性事件要采取处理措施并报告环境部门；县级以上环保部门在环境受到严重污染，威胁居民生命、财产安全时，必须立即报告当地人民政府，以便采取有效措施；对有毒化学品实行严格登记和管理；不得将产生严重污染的生产设备转移给没有防治污染能力的单位使用；等等。

（8）违反环境保护法的法律责任。

此即行政责任、民事责任和刑事责任。第59条规定：“企业事业单位和其他生产经营者违法排放污染物，受到罚款处罚，被责令改正，拒不改正的，依法作出处罚决定的行政机关可以自责令改正之日的次日起，按照原处罚数额按日连续处罚。”

（三）单行法中有关生态文明建设及环境保护的法律规定

环境与资源保护单行法规是针对特定的保护对象如某种环境要素或特定的环境社会关系而进行专门调整的立法。它以宪法和环境与资源保护基本法为依据，又是宪法和环境与资源保护基本法的具体化。因此，单行环境与资源保护法规一般都比较具体详细，是进行环境管理、处理环境纠纷的直接依据。单行环境与资源保护法规在环境与资源保护法体系中数量最多，占有重要的地位。由于单行环境与资源保护法规名目多、内容广泛，在其归纳分类上，有的按法律、法规、行政规章分类，有的按其所调整的环境要素或环境问题分类，也有的按其所调整的社会关系分类。后者分类清楚，可以做出比较全面的归纳，大体包括如下几类。

以防治环境污染为主要内容的环境保护法子体系，简称污染防治法；以自然资源开发、利用及其管理为主要内容的自然资源法子体系，又称自然资源法；以能源开发、利用、节约及其管理为主要内容的能源法子体系；以防治自然灾害为主要内容的灾害防治法子体系；以防治生态破坏、维护生态安全、进行自然生态保护为主要内容的生态保护法子体系；以反对动物虐待、维护动物福利为主要内容的动物保护法子体系；以城市、乡村和区域开发整治和生态建设为主要内容的国土开发整治建设法子体系。

1. 环境污染防治法

环境污染是环境问题中最突出、最尖锐的部分。一般说，在发达工业国家，环境法是从污染控制法发展而来的。在环境与资源保护单行法规中，环境污染防治法占的比例最大。污染防治法规包括大气污染防治、水质保护、噪声控制、废物处置、农药及其他有毒物品的控制与管理，也包括其他公害如震动、恶臭、放射性、电磁辐射、热污染、地面沉降等防治法规。

（1）大气污染防治方面。

1987 年 9 月颁布了《中华人民共和国大气污染防治法》，该法分别于 1995 年、2000 年和 2015 年由全国人大常委会三次进行修改。新修订的《中华人民共和国大气污染防治法》主要从以下几个方面做了修改完善。

第一，以改善大气环境质量为目标，强化地方政府责任，加强考核和监督。规定了地方政府对辖区大气环境质量负责、环境保护部对省级政府实行考核、未达标城市政府应当编制限期达标规划、上级环保部门对未完成任务的下级政府负责人实行约谈和区域限批等一系列制度措施。

第二，坚持源头治理，推动转变经济发展方式，优化产业结构和布局，调整能源结构，提高相关产品质量标准。一是明确坚持源头治理，规划先行，转变经济发展方式，优化产业结构和布局，调整能源结构。二是明确制定燃煤、石焦油、生物质燃料、涂料等挥发性有机物的产品，烟花爆竹及过滤产品等的质量标准，应当明确大气环境保护要求。三是规定了国务院有关部门和地方各级人民政府应当采取措施，调整能源结构，推广清洁能源的生产和使用。

第三，强化重点区域联防联控和重污染天气应对。推行区域大气污染联合防治，要求对颗粒物、二氧化硫、氮氧化物、挥发性有机物、氨等大气污染物和温室气体实施协同控制，对建立重污染天气监测预警体系做出明确规定。

第四，加大处罚力度。新的《中华人民共和国大气污染防治法》取消了原法律中对造成大气污染事故的企业事业单位罚款“最高不超过 50 万元”的封顶限额，同时增加了“按日计罚”的规定。另外还增加了其他罚款新规定：造成大气污染事故的，对直接负责的主管人员和其他直接责任人员可以处上一年度从本企业事业单位取得收入 50% 以下的罚款。对造成一般或者较大大气污染事故的，按照污染事故造成直接损失的 1 倍以上 3 倍以下计算罚款；对造成重大或者特大大气污染事故的，按污染事故造成的直接损失的 3 倍以上 5 倍以下计算罚款。对环境违法行为的处罚力度明显加大。

（2）水污染防治方面。

1984 年 5 月颁布了《中华人民共和国水污染防治法》（该法于 2017 年做了最新修订，2018 年 1 月 1 日开始执行）。这是一部专门防治内陆水污染的法律。作为水环境的根本法律，新修订的《中华人民共和国水污染防治法》与原法相比，做出了 55 处重大修改，涉及河长制、农业农村水污染防治、总量控制和排污许可制度等内容。

新修订的《中华人民共和国水污染防治法》明确规定，地方各级人民政府对本行政区域的水环境质量负责；增加“省、市、县、乡建立河长制，分级分段组织领导本行政区域内水资源保护等工作”“有关市、县级人民政府制定限期达标规划”。同时规定：

“市、县级人民政府每年向本级人民代表大会或者其常务委员会报告水环境质量限期达标规划执行情况，并向社会公开。”

目前，农业和农村的水污染已成为水污染的重要源头。对此，新修订的《中华人民共和国水污染防治法》明确规定：国家支持农村污水、垃圾处理设施的建设，推进农村污水、垃圾集中处理；制定化肥、农药等产品的质量标准和使用标准，应当适应水环境保护要求；禁止向农田灌溉渠道排放工业废水或者医疗污水等。

新修订的《中华人民共和国水污染防治法》明确规定：国家对重点水污染物排放实施总量控制制度。直接或者间接向水体排放工业废水和医疗污水以及其他按照规定应当取得排污许可证方可排放的废水、污水的企业事业单位和其他生产经营者，应当取得排污许可证；城镇污水集中处理设施的运营单位，也应当取得排污许可证。排污许可证应当明确排放水污染物的种类、浓度、总量和排放去向等要求。

（3）海洋环境保护法方面。

《中华人民共和国海洋环境保护法》是我国海洋生态环境保护领域的基础性法律，于1982年出台，为我国海洋污染防治和生态保护提供了有效的制度保障。该法主要是针对防止海洋污染而制定的，从海岸工程、海洋石油勘探开发、陆源污染物、船舶、倾倒废弃物等几个方面防止对海洋的污染的损害做出了规定。为了使海洋保护立法更加完备和充实，国务院又于1983年12月颁布了《海洋石油勘探开发环境保护管理条例》和《防止船舶污染海域管理条例》，1985年3月颁布了《海洋倾废管理条例》，1988年5月颁布了《防止拆船污染环境管理条例》。这几个条例可以看作是对中华人民共和国海洋环境保护法的具体化和实施细则。《中华人民共和国海洋环境保护法》已经修订了多次，但大多是个别条款的调整。2019年5月，生态环境部海洋生态司发布《关于开展〈中华人民共和国海洋环境保护法〉修订需求函调工作的通知》，要求沿海各部门总结海洋生态环境保护制度实施取得的成效、创新实践和典型经验，提出《中华人民共和国海洋环境保护法》存在的问题、法律修订需求和意见建议。

（4）其他有关污染防治立法。

在污染防治法中，最重要的单行法规除了大气和水体的污染防治法之外，就是噪声的控制和固体废物的管理。1989年9月颁布了《中华人民共和国环境噪声污染防治条例》；1996年修订为《中华人民共和国环境噪声污染防治法》；1995年颁布了《中华人民共和国固体废物污染环境防治法》，2004年经历了一次较大幅度的修订，目前正在进行第二次较大幅度修订，现已经出台了《中华人民共和国固体废物污染环境防治法（修订案）》（草案）；为防治放射性污染，保护环境，保障人体健康，促进核能、核技术的开发与和平利用，我国于2003年还颁布施行了《中华人民共和国放射性污染防治法》。

在有毒化学品的污染中，农药占的比重很大，并对大气、土壤、水体造成了大面积污染。为了防治农药污染，我国在1982年颁布了一组防治农药污染的法规，包括《农药安全使用规定》《农药登记规定》《农药登记规定实施细则》。1984年又颁布了《农药安全使用标准》。此外，我国还颁布施行了《危险化学品安全管理条例》和《新化学物质环境管理办法》。

2. 自然资源保护法

自然保护就是对人类赖以生存的自然环境和自然资源的保护，其目的是保护自然环境，使自然资源免受破坏，以保持人类的生命维持系统，保存物种遗传的多样性，保证生物资源的永续利用。中国的自然环境复杂多样，很多地区自然生态系统脆弱，自然破坏如水土流失、森林锐减、草原退化、土壤沙化等在不断加剧。中国虽然幅员辽阔、资源丰富，但人均资源占有量远远低于世界平均水平，加之人口基数大，资源消耗不断增加，对环境的压力越来越大，这些情况都说明了加强自然保护立法的迫切性和重要性。近几年，我国自然保护法的制定与修订步伐加快了，重要的自然环境要素和资源保护立法已基本完备，如《中华人民共和国水法》《中华人民共和国森林法》《中华人民共和国草原法》《中华人民共和国土地管理法》《中华人民共和国矿产资源法》《中华人民共和国渔业法》《中华人民共和国野生动物保护法》《中华人民共和国水土保持法》《中华人民共和国防沙治沙法》等。此外，环境与资源保护法学界有关专家提出应该制定综合性的自然保护法。为了促进可再生能源的开发利用，增加能源供应，改善能源结构，保障能源安全，保护环境，实现经济社会的可持续发展，我国还于 2005 年制定实施了《中华人民共和国可再生能源法》。

（四）其他部门法中关于环境与资源保护的法律规范

由于环境与资源保护的广泛性，专门的环境与资源保护立法尽管数量十分庞大，仍然不能把涉及环境与资源保护的社会关系全部加以调整，在民法、刑法、行政法、经济法等其他法律部门的法律法规中也包含不少有关生态文明建设（包括环境资源开发、利用、保护、改善及其管理等）的法律规定。这些法律规范，也是环境与资源保护法体系的组成部分。

《中华人民共和国民法典》中有数十个条款直接或者间接涉及生态环境保护，主要体现在以下方面。首先，第一编“总则”第 9 条明确规定：“民事主体从事民事活动，应当有利于节约资源、保护生态环境。”其次，第二编“物权”中对自然资源的权属及其保护措施做了相应的规定，对物权行使规定了生态环境保护方面的限制性要求。如第 290 条规定，不动产权利人应当为相邻权利人用水、排水提供必要的便利。第 294 条规定，不动产权利人不得违反国家规定弃置固体废物，排放大气污染物、水污染物、土壤污染物、噪声、光辐射、电磁辐射等有害物质。第 326 条规定，用益物权人行使权利应当遵守法律有关保护和合理开发利用资源、保护生态环境的规定。第 346 条规定，设立建设用地使用权，应当符合节约资源、保护生态环境的要求等。最后，第七编“侵权责任”专设“环境污染和生态破坏责任”一章，规定生态环境侵权责任，明确了举证责任倒置、按份责任、惩罚性赔偿以及第三人过错侵权的连带责任等。《民法典》还将中央确定的生态环境损害赔偿制度改革的实践成果予以法律化，明确规定了生态环境损害的修复和赔偿责任，以及赔偿的形式和范围。这是生态环境损害赔偿制度立法的重大进展，将有力地推动生态环境损害赔偿制度改革。《民法典》还在“高度危险责任”一章中规定了核事故损害，以及高放射性等高度危险物等方面的民事侵权责任。

（五）环境标准

在环境与资源保护法体系中，有一个特殊的又是不可缺少的组成部分，就是环境标准。环境标准是为了保护生态环境和人体健康，改善环境质量，有效地控制污染源排放，以获取最佳的经济和环境效益，由政府制定的强制性的环境保护技术规范，它是环境保护立法的一部分，是环境评价工作的基础。环境评价的体系可分为环境质量标准、污染物排放标准和环境保护基础标准。

环境质量标准。我国环境质量标准的制定工作，开始于20世纪50年代。环境质量标准是为保护人群健康、社会物质财富和维持生态平衡，对一定时间和空间中的有害物质和因素的容许浓度所做的规定，主要有大气环境质量标准、水环境质量标准。

污染物排放标准。我国第一个综合性的国家排放标准是1973年制定的《工业“三废”排放试行标准》，该标准对各类工业排放的气、液、渣三大类污染物分别规定了容许浓度。《工业“三废”排放试行标准》对20世纪70年代我国的污染控制起了一定作用。20世纪80年代至90年代，我国全面开展了综合性排放标准和行业排放标准的制定工作，综合性排放标准有《大气污染物综合排放标准》（1996年）以及《污水综合排放标准》（1996年），同时陆续制定了各种工业生产、不同行业的污染物排放标准。

基础标准和方法标准。环境基础标准是指在环境标准化工作范围内，对有指导意义的符号、代号、指南、程序、规范等所做的统一规定，它是制定其他环境标准的基础，如《环境污染类别代码》等。环境方法标准是为规范环境监测和分析工作，对有关采样、分析、测试和数据处理等方法所做的统一规定。基础标准和方法标准通常由国家或国际组织（如国际标准化组织）制定和颁布。近年来，我国也在加紧进行基础标准和方法标准的制定工作。我国已经制定的监测方法标准和基础标准有200多项，是环境标准中数量最多的。目前，我国已颁布环境保护国家标准和行业标准400余项，其中有关环境基础标准和环境标准样品标准约占1/5。

（六）我国加入的国际条约

国际法（包括条约、国际习惯和区域经济一体化组织的立法等）是国内法的一个重要渊源和表现形式。“条约是两个或两个以上国际法主体依据国际法确定其相互间权利和义务的一致的意思表示。”目前，国际社会已经签订数以百计的有关环境资源保护的公约、协定、议定书等条约文件，这些条约以不同的方式成为有关条约缔约方的国内法的一部分，即国内法的表现形式。

国际环保公约由一系列国际公约组成，截止2019年，与环境和资源有关的国际条约近200项。我国缔结和参与的国际环保公约涉及危险废物的控制、危险化学品国际贸易的事先知情同意程序、化学品的安全使用和环境管理、臭氧层保护、气候变化、生物多样性的保护、湿地保护和荒漠化防治、物种国际贸易、海洋环境保护、海洋渔业资源保护、核污染防治、南极保护、自然和文化遗产保护、环境权的国际法保护等各个方面。我国缔结和参与的国际环保公约，除中国宣布予以保留的条款外，它们都构成中国环境资源法体系即生态文明建设法律体系的一个组成部分。另外，我国已先后与美国、日本、加拿大、俄罗斯、荷兰、丹麦、乌克兰、蒙古国、韩国、朝鲜等多个国家签署双边环境保护合作协议或谅解备忘录，与多个国家签署核安全合作双边协定或谅解备忘录。

第三节　生态文明法律原则

生态文明法律原则，是由以环境资源法律为主体的生态文明建设法律明确规定或者体现的，反映生态文明建设基本特点和基本政策，适用于生态文明建设领域的基本指导方针或基本准则。生态文明法律原则体现生态文明法律的理念和指导思想，反映生态文明法律的精神并成为生态文明法律的灵魂，内在地指导着生态文明法律的规则和制度，是保障生态文明法律体系内部和谐统一的基础。一般认为，环境与资源保护法基本原则包括环境与资源可持续性原则、预防原则、环境与资源保护责任公平负担原则以及公众参与原则。

一、环境保护与经济、社会发展相协调原则

该原则简称协调发展原则，是指环境保护与经济建设和社会发展统筹规划、同步实施、协调发展，实现经济利益、社会利益和环境利益的统一。环境与发展的关系既有对立的一面，又有相互统一的一面，既互相制约，又相互促进。该原则体现了可持续发展的实质，坚持环境保护与经济、社会的协调发展，实质上是坚持可持续发展。该原则体现了社会经济规律和自然生态规律，不仅要求人类的经济和社会发展不能超越环境和资源的实际承载能力，而且要求人类必须正确处理眼前发展和长远发展的关系，不能以牺牲子孙后代的环境和资源来满足当代人的发展需要。该原则强调兼顾人类、国家、集体和个人利益，是正确处理眼前、长远与局部、整体利益的指导准则，也是对发展和环境保护的基本要求。

协调发展原则是我国环境资源法一贯强调的基本原则，在生态文明建设中不仅没有过时，而且得到了进一步的发展。该原则在我国环境与资源保护法中发端于 20 世纪 80 年代。在 1983 年召开的第二次全国环境保护会议上，我国提出了“经济建设、城乡建设和环境建设要同步规划、同步实施、同步发展，实现经济效益、社会效益、环境效益的统一”的战略方针。作为国家战略方针在环境与资源保护法制中的回应，1989 年颁布的《中华人民共和国环境保护法》第 4 条明确规定：“国家制定的环境保护规划必须纳于国民经济和社会发展计划，国家采取有利于环境保护的经济技术政策和措施，使环境保护工作同经济建设和社会发展相协调”。2014 年修订通过的《中华人民共和国环境保护法》第 4 条重申了“经济社会发展与环境保护相协调”原则。环境保护与经济、社会发展相协调是生态文明时代的基本特征，协调发展原则是指导人们进行经济建设、政治建设、社会建设、文化建设和生态文明建设的基础思维、核心思维。

二、预防原则

预防原则是指在进行经济活动和社会发展决策时，在预测、分析和评估其造成不良环境影响的的基础上，采取防范措施，以避免和减少环境问题（包括环境风险问题）的发生，或把不可能避免的环境污染和环境破坏控制在许可的限度之内，从而保证经济

活动和社会发展决策及其实施符合环境与资源保护要求。2014 年修订通过的《中华人民共和国环境保护法》第 5 条规定了“预防为主、综合治理”的原则，并有多项条文提到“综合防治”“综合整治”。该原则在有些国家的污染防治法律和政策中统称为污染综合防治原则，是指采取各种防治措施，防止环境问题的产生和恶化，或者把环境污染和破坏控制在能够维持生态平衡、保护人体健康和社会物质财富及保障经济、社会持续发展的限度之内。该原则是对环境问题特点的深刻认识，是对防治环境问题的基本方法、措施的高度概括，它明确了防治环境问题的基本措施，明确了预防与治理的辩证关系，目前已经从损害预防（prevention）原则发展到风险预防（precaution）原则，并且实现了损害预防原则和风险预防原则的结合。该原则体现了环境保护战略和环境管理思想的精华，是建立健全环境管理法律制度体系的指导原则。

预防原则在我国环境与资源保护法中的确立始于 20 世纪 70 年代，它是对国内外环境与资源保护法实践经验教训的集中反映。虽然我国在 1973 年颁布的《关于保护和改善环境的若干规定》（试行草案）中提到贯彻“预防为主”的方针，但真正从法律上确认“预防为主、防治结合、综合治理”的原则，是在我国对于环境问题付出了沉重的代价之后。长期以来，我国粗放型的经济发展方式损害环境，将经济增长方式从粗放型向集约型转变，既是实现可持续发展的根本性措施，也是贯彻环境与资源保护法预防原则的基本要求。目前，预防原则已经贯彻在我国各项环境与资源保护的各项立法之中，特别是《中华人民共和国环境影响评价法》《中华人民共和国清洁生产促进法》和《中华人民共和国循环经济促进法》等法律的颁布，直接体现了环境与资源保护法预防原则的法律要求。

从根本上和源头上避免和减少环境问题的发生，其基本思路就是实现环境与发展决策的一体化。体现环境与资源保护法预防原则的要求，将环境与资源保护法律制度创新重心向预防优先、风险防范、源头控制和决策一体化转移，是将环境与资源保护要求融入经济活动和社会发展的决策及其实施之中，并使决策者能够在经济活动和社会发展的决策及其实施中充分考虑环境与资源保护要求的根本保证。根据该原则，应该搞好全面规划和合理布局，综合运用各种环境保护管理的方法和手段，将有关预防、治理、管理污染的各种措施和制度结合起来，将末端控制和源头控制、废物控制和产品控制的措施和制度结合起来，建立健全综合决策、清洁生产、源削减、综合利用、环境影响评价、排污申报登记、污染集中治理、排污收费、排污许可证、排污指标转让等各种环境资源管理法律制度。

三、环境资源的开发、利用与保护、改善相结合的原则

该原则又称综合开发、利用、保护、治理环境资源的原则，是正确处理环境资源的开发、利用活动与保护、改善活动之间的关系的指导原则，是人与自然和谐共处思想的体现。该原则明确了环境资源工作的主要任务。环境资源的开发、利用与保护、治理是相互影响、相互促进、相互制约的两个方面。以不适当的、不可持续的方式开发、利用环境资源，是造成环境污染破坏和资源危机的主要原因。合理的开发、利用环境资源是保护和改善环境资源的基本要求。保护环境就是要对环境资源进行合理开发和利用。环

境资源的开发、利用与保护、改善要相互结合和协调，要同步规划、同步实施、同步发展。该原则的核心是在环境资源领域实行可持续的生产、消费和管理方式；该原则的实质是要求在人与自然的交往中，正确处理人与自然的关系，实现人与自然的和谐共处。在环境资源领域实行可持续的生产、消费和管理方式，是将环境资源的开发、利用与保护、改善结合起来的基本的、有效的途径和手段。可持续的生产、消费和管理方式的关键是树立"合理、综合、可持续开发利用环境资源"的观念；同时要树立对环境资源事务实行"综合、协调管理"的观念，建立健全综合、协调管理的机制。

四、环境与资源保护责任公平负担原则

环境与资源保护责任公平负担原则是污染者负担、受益者负担、利用者补偿、开发者保护、破坏者恢复等适用于环境与资源保护法不同领域的一般法律原则的统称。其主要内容如下：开发者保护，亦称为谁开发谁保护，是指开发利用环境资源者，不仅有依法开发自然资源的权利，同时还有保护环境资源的义务；利用者补偿，又称为"谁利用、谁补偿"，是指开发利用环境资源者，对其在开发利用时所造成的环境资源的功能的降低有按照国家有关规定承担经济补偿的责任；污染者付费，又称为"污染者负担"，是指污染环境造成的损失及治理污染的费用应当由排污者承担，而不应转嫁给国家和社会。该原则强调的是在开发、利用和保护环境与自然资源的生产、生活活动中，以公平与正义的价值标准来判断和调整社会主体之间的开发、利用和保护环境与自然资源的责任关系，并确定相应主体的法律义务与责任，以保证不同社会主体之间能够公平地负担和合理地分配开发、利用和保护环境与自然资源的法律义务和责任。

我国在1979年颁布的《中华人民共和国环境保护法（试行）》第6条规定了"谁污染、谁治理"的原则，它意味着造成环境污染的单位和个人必须承担恢复环境质量，治理和控制环境污染的责任，对其污染源及其造成的环境污染进行治理和控制。"谁污染、谁治理"原则确定了环境污染治理和控制责任的归属，它虽然没有直接采用污染者负担原则的表述形式，但是体现了污染者负担原则的精神。在1989年颁布的《中华人民共和国环境保护法》及以后发布的一些环境保护政策法律文件中，"谁污染、谁治理原则得到了进一步的阐释和发展，环境污染者的污染治理责任扩大到自然资源开发者、利用者对自然资源保护和对自然生态破坏的整治责任。例如，1990年发布的《国务院关于进一步加强环境保护工作的决定》明确规定了"谁开发谁保护，谁破坏谁恢复，谁利用谁补偿"的方针；1996年发布的《国务院关于环境保护若干问题的决定》明确规定了"污染者付费、利用者补偿、开发者保护、破坏者恢复"的原则。2014年修订的《中华人民共和国环境保护法》第5条规定的"损害担责的原则"即损害者担责的原则，可以视为污染者付费或污染者负担原则的继承和发展；破坏者恢复，又称为"谁破坏、谁整治"，也称为"谁主管、谁承担责任"，是指行政区的首长对该行政区的环境质量负责，企业、事业单位的法人代表对本单位的环境保护负责，承包人对所承包的生产、建设、经营活动的环境保护负责；其他责任，目前环境责任已经从生产者的直接生产责任扩大到生产之外的延伸责任，从污染者、破坏者、主管者的责任扩大到相关人员的合作责任、协作责任、社会责任，从而形成了公平责任和共同责任原则。

五、公众参与原则

公众参与原则的含义是指公众有权知晓、参与、监督涉及环境与资源保护问题的社会发展和经济活动的决策及其实施，并有权通过法定的程序表达自己的环境与资源保护意愿，维护自身合法环境权益与环境公共利益。公众参与既有利于实现环境公共利益，又有利于协调社会主体的多元利益冲突。环境与资源保护的权方规制和权益分配既要讲求效率、也要保障公平，以使权力规制和权益分配有利于实现环境与资源保护的社会目标，以及环境与资源保护的公共利益和长远利益。环境与资源保护的科学与民主决策是平衡效率与公平的必要基础，有效的环境与资源保护的公众参与是实现科学与民主决策的前提条件。通过政府、专家与社会公众的协力与合作，才能有效地推动环境与资源保护社会目标的实现，保障公民的环境与资源保护权益和社会的环境与资源保护公共利益。

公众参与原则不仅是环境与资源保护法理论发展的结果，而且是环境与资源保护实践深化的必然要求。1979 年颁布的《中华人民共和国环境保护法（试行）》规定的“32 字方针”中就有“依靠群众，大家动手”的要求，它包含了环境与资源保护公众参与的思想萌芽。1989 年颁布的《中华人民共和国环境保护法》第 6 条规定：“一切单位和个人都有保护环境的义务，并有权对污染和破坏环境的单位和个人进行检举和控告。”第 11 条第 2 款规定：“国务院和省、自治区、直辖市人民政府的环境保护行政主管部门，应当定期发布环境状况公报。”从而为公众了解环境信息、参与环境保护提供了初步的法律保障。2014 年修订通过的《中华人民共和国环境保护法》第 5 条规定了“公众参与”的原则。环境民主或生态民主原则是指，公众中的任何单位和个人在生态文明建设（包括环境的开发、利用、保护和改善）活动中都享有平等的参与权，可以平等地参与有关立法、司法、执法、守法与法律监督事务的决策。

第四节　生态文明法律制度

生态文明法律制度，不是指某一项制度，而是指由若干法律制度组成的制度体系。某项生态文明法律制度，是指由调整生态文明建设的某种特定社会关系的一系列法律规范所组成的相对完整的规则系统，是指某类或某项生态文明建设工作或活动的各种法律规范的总体，是某类或某项生态文明建设工作或活动的法定化和制度化。目前党和政府非常重视生态文明制度体系的建设，《中共中央关于全面深化改革若重大问题的决定》（2013 年 11 月 12 日中国共产党第十八届中央委员会第三次全体会议通过）要求，“加快建立生态文明制度、建设生态文明，必须建立系统完整的生态文明制度体系，实行最严格的源头保护制度、损害赔偿制度、责任追究制度，完善环境治理和生态修复制度，用制度保护生态环境”。《中共中央国务院关于加快推进生态文明建设的意见》（2015 年 4 月 25 日）也强调，“健全生态文明制度体系”，“加快建立系统完整的生态文明制度体系，引导、规范和约束各类开发、利用、保护自然资源的行为，用制度保护生态环境”。

一、生态文明法律制度概述

生态文明法律制度是对环境资源法律制度的提高和发展，它较原有的环境资源法律制度更加彰显了先进的生态文明精神、思想和理念，更加集中地反映了具有中国特色的生态文明法律原则和生态文明法治建设的实践经验。

《中共中央关于全面深化改革若干重大问题的决定》（2013 年 11 月 12 日中国共产党第十八届中央委员会第三次全体会议通过）强调“实行最严格的源头保护制度、损害赔偿制度、责任追究制度，完善环境治理和生态修复制度”五类制度。2014 年修订的《中华人民共和国环境保护法》根据“推进生态文明建设”的立法目的，规定了一整套生态文明法律制度，如环境目标责任和考核制度、总量控制制度、排污许可制度、公众参与制度、环境信息公开制度、生态保护红线制度、环境公益诉讼制度、生态补偿制度、跨行政区污染防治制度（包括跨行政区域的重点区域、流域环境污染和生态破坏联合防治协调机制）、环境污染公共监测预警制度（包括环境资源承载能力监测预警机制），以及环境与健康监测、调查和风险评估制度等。

中共中央、国务院印发的《生态文明体制改革总体方案》（2015 年 9 月）明确要求，“到 2020 年，构建起由自然资源资产产权制度、国土空间开发保护制度、空间规划体系、资源总量管理和全面节约制度、资源有偿使用和生态补偿制度、环境治理体系、环境治理和生态保护市场体系、生态文明绩效评价考核和责任追究制度八项制度构成的产权清晰、多元参与、激励约束并重、系统完整的生态文明制度体系，推进生态文明领域国家治理体系和治理能力现代化，努力走向社会主义生态文明新时代”，并具体规定了一系列制度。

二、生态文明法律制度

（一）自然资源产权制度

自然资源资产产权制度是调整自然资源资产产权的一整套法律规范的总称，包括自然资源产权的主体、客体、内容，以及产权登记、行使、流转、管理和监督等法律规范。建立健全该制度主要是为了解决自然资源所有者不到位、所有权边界模糊等问题。健全归属清晰、权责明确、保护严格、流转顺畅的现代自然资源资产产权制度，是生态文明建设中一项重要任务。

建立统一的自然资源资产确权登记制度，推进确权登记法治化。应该通过确权登记，对水流、森林、山岭、草原、荒地、滩涂等自然资源资产统一进行确权登记，清晰界定全部国土空间各类自然资源资产的产权主体，划清全民所有和集体所有之间的边界，划清全民所有、不同层级政府行使所有权的边界，划清不同集体所有者的边界；对于某些特殊的自然资源，在确权登记时应该采取先试点、先示范、后推广的原则，例如，可以通过水流、水域、岸线等水生态空间和湿地产权确权试点，探索建立水权制度、湿地资产产权制度，遵循水生态系统性、整体性原则，分清水资源资产所有权、使用权及使用量。

建立权责明确的自然资源资产产权体系。制定权利清单，明确各类自然资源产权主体权利。处理好所有权与使用权的关系，创新自然资源全民所有权和集体所有权的实现形式，除生态功能重要的外，可推动所有权和使用权相分离，明确占有、使用、收益、处分等权利归属关系和权责，适度扩大使用权的出让、转让、出租、抵押、担保、入股等权能。明确国有农场、林场和牧场土地所有者与使用者权能，全面建立覆盖各类全民所有自然资源资产的有偿出让制度，严禁无偿或低价出让。统筹规划，加强自然资源资产交易平台建设。

建立全国自然资源资产管理体制和行使自然资源国家所有权的体制。健全国家自然资源资产管理体制是健全自然资源资产产权制度的一项重大改革，也是建立系统完备的生态文明制度体系的内在要求。对国家所有的自然资源资产，应该按照不同资源种类和在生态、经济、国防等方面的重要程度，研究实行中央和地方政府分级代理行使所有权职责的体制，分别建立中央和各省、自治区、直辖市统一行使矿藏、水流、森林、山岭、草原、荒地、海域、滩涂等全民所有自然资源资产所有者职责的机构，整合分散的全民所有自然资源资产所有者职责，负责国家所有自然资源的出让等事务，实现效率和公平相统一。应该分清国家所有中央政府直接行使所有权、国家所有地方政府行使所有权的资源清单和空间范围。中央政府主要对石油天然气、贵重稀有矿产资源、重点国有林区、大江大河大湖和跨境河流、生态功能重要的湿地草原、海域滩涂、珍稀野生动植物种和部分国家公园等直接行使所有权。应该建立健全全国自然资源管理体制，建立健全自然资源行政管理机构，明确自然资源行政管理机构的管理职责。全国自然资源包括公众共用自然资源、公共所有自然资源资产和私人所有自然资源资产，对产权明确的自然资源和公众共用自然资源应该制定和实施不同的行政管理措施和管理制度。

（二）国土空间开发保护制度

国土空间开发保护制度是调整国土空间开发保护的一整套法律规范的总称，包括国土空间开发保护的主体、客体内容，以及国土空间开发保护的原则、措施（手段）、责任、管理和监督等法律规范。国土空间是指国家主权与主权权利管辖下的地域空间，包括陆地、陆上水域、内水、领海、领空等。国土空间开发保护制度是包括若干具体制度的一整套制度，建立健全该制度主要是为了解决因无序开发、过度开发、分散开发导致的优质耕地和生态空间占用过多、生态破坏、环境污染等问题，形成人与自然和谐发展现代化建设新格局。

完善主体功能区制度。主体功能区制度是国土空间开发保护制度中的一项基础性制度，它的内容集中体现在《全国主体功能区规划》（国务院 2010 年 12 月 21 日印发）。该规划是我国国土空间开发的战略性、基础性和约束性规划，是推进形成主体功能区的基本依据，是科学开发国土空间的行动纲领和远景蓝图。该规划将我国国土空间分为以下主体功能区：按开发方式，分为优化开发区域、重点开发区域、限制开发区域和禁止开发区域；按开发内容，分为城市化地区、农产品主产区和重点生态功能区；按层级，分为国家和省级两个层面；并明确了各自的范围、发展目标、发展方向和开发原则。该规划强调，要按照建设环境友好型社会的要求，根据国土空间的不同特点，以保护自然生态为前提、以水土资源承载能力和环境容量为基础，进行有度有序开发，走人与自然和谐的发展道路；要按照人口、经济、资源环境相协调以及统筹城乡发展、统筹区域发展的要求进行开发，促进人口、经济、资源环境的空间均衡。该规划明确了国务院有关部门和省级人民政府的职责，要求加强部门协调，把有利于推进形成主体功能区的绩效考核评价体系和中央组织部印发的《体现科学发展观要求的地方党政领导班子和领导干部综合考核评价试行办法》等考核办法有机结合起来。主体功能区制度要求统筹国家和省级主体功能区规划，健全基于主体功能区的区域政策，根据城市化地区、农产品主产区、重点生态功能区的不同定位，调整完善财政、产业、投资、人口流动、建设用地、资源开发、环境保护等政策。

健全国土空间用途管制制度。用途管制是调整国土空间开发保护的主要手段，国土空间用途管制制度是用途管制手段的法定化、程序化和制度化。该制度要求简化自上而下的用地指标控制体系，调整按行政区和用地基数分配指标的做法；将开发强度指标分解到各县级行政区，作为约束性指标，控制建设用地总量；将用途管制扩大到所有自然生态空间，划定并严守生态红线，严禁任意改变用途，防止不合理开发建设活动对生态红线的破坏；完善覆盖全部国土空间的监测系统，动态监测国土空间变化。

建立健全国家公园制度。国家公园制度是有关国家公园体制、管理机构和监督管理措施的一整套制度，旨在加强对重要生态系统和文化自然遗产的保护和永续利用，构建保护重要生态系统、文化自然遗产和珍稀野生动植物的长效机制。这里的国家公园包括国家级自然保护区、风景名胜区、森林公园、地质公园和世界文化自然遗产等130多处国家禁止开发的生态地区。建立健全国家公园制度要求：改革各部门分头设置自然保护区、风景名胜区、文化自然遗产、地质公园、森林公园等的体制，对上述保护地进行功能重组，合理界定国家公园范围；对国家公园实行更严格保护，除不损害生态系统的原住民生活生产设施改造和自然观光科研教育旅游外，禁止其他开发建设，保护自然生态和自然文化遗产原真性、完整性；加强对国家公园试点的指导，在试点基础上研究制定建立国家公园体制的总体方案。

生态文明建设法律体系的发展、健全程度，是衡量一个国家生态文明建设法制和管理水平的重要标志。建立健全生态文明建设法律体系，对于加强生态文明建设即加强以生态文明为旗帜的“五型社会”建设、管理和法律调整，具有重要的意义。

思考题：

（1）简述我国生态文明法律和制度建设的意义。

（2）简述生态文明法律体系。

（3）简述生态文明法律理念。

（4）简述生态文明建设的制度体系。

（5）试述近年来我国环境与资源保护立法新进展。

参考文献

[1] PRIMACK R B. Essentials of conservation biology [M]. Sunderland, Massachusetts: Sinauer Associates, 2010.

[2] 敖惠修，黄韶玲．夏威夷群岛风光及园林植物纪事［J］．园林理论与研究，2011 (5)：12－15.

[3] 白瑞．中国共产党绿色发展思想及其实践研究［D］．沈阳：东北大学，2015.

[4] 陈怀满，朱永官，董元华，等．环境土壤学［M］．2 版．北京：科学出版社，2010.

[5] 陈灵芝．中国的生物多样性［M］．北京：科学出版社，1993.

[6] 陈宗兴，等．生态文明建设：理论卷/实践卷［M］．北京：学习出版社，2014.

[7] 崔钟雷．迷人的地球百态［M］．长春：吉林美术出版社，2014.

[8] 邓旭，梁彩柳，尹志炜，等．海洋环境重金属污染生物修复研究进展［J］．海洋环境科学，2015 (6)：954－960.

[9] 狄乾斌，何德成，乔莹莹．海洋生态文明研究进展及其评价体系探究［J］．海洋通报，2018 (6)：615－624.

[10] 冯敏．现代水处理技术［M］．2 版．北京：化学工作出版社，2012.

[11] 付斐然．雾霾对人体的危害与防治［J］．科技风，2018 (1)：233－234.

[12] 付允，林翎．循环经济标准化理论、方法和实践［M］．北京：中国标准出版社，2015.

[13] 高鹏园．浅谈我国大气污染防治措施及局限性［J］．中国新技术新产品，2016 (7)：131.

[14] 高廷耀，顾国维，周琪．水污染控制工程（下册）［M］．2 版．北京：高等教育出版社，2015.

[15] 高伟．生态文明建设与环境保护工作［J］．赢未来，2017 (33)：377.

[16] 郭福利，马歆．循环经济理论与实践［M］．北京：中国经济出版社，2018.

[17] 郭书花．试论生态城市建设中的大气污染防治措施［J］．城市建设理论研究（电子版），2013 (24)：2095－2014.

[18] 海南兴隆热带植物园［J］．农闲风情，2013 (9)：95－96.

[19] 郝吉明，王金南，王志轩，等．中长期煤利用中大气污染控制技术路线［J］．中国工程科学，2015 (9)：42－48.

[20] 郝吉明．大气污染控制工程［M］．北京：高等教育出版社，2010.

[21] 胡鞍钢．中国创新绿色发展［M］．北京：中国人民大学出版社，2012.

[22] 环境保护部，国土资源部．全国土壤污染状况调查公报［R］．2014.

[23] 环境保护部自然生态保护司．土壤污染与人体健康［M］．北京：中国环境科学出版社，2013.
[24] 黄勇．以习近平生态文明思想指导城乡规划工作建设美丽肇庆［N］．西江日报，2018－9－14（9）.
[25] 蒋高明．中国生态文明建设指导手册［M］．北京：北京语言大学出版社，2019.
[26] 蒋志刚，马克平．保护生物学原理［M］．北京：科学出版社，2014.
[27] 解慧燕．水处理技术在污水处理中的意义及应用前景［J］．资源节约与环保，2020（8）：87－88.
[28] 乐伟．循环经济：迫在眉睫的生态问题［M］．上海：上海科技教育出版社，2012.
[29] 李博．生态学［M］．北京：高等教育出版社，2000.
[30] 李俊清．保护生物学［M］．北京：科学出版社，2012.
[31] 李昕．青少年课外知识全知道［M］．北京：中国华侨出版社，2015.
[32] 蔺雪峰．生态城市治理机制研究：以中国新加坡天津生态城为例［D］．天津：天津大学，2010.
[33] 刘德海．绿色发展［M］．南京：江苏人民出版社，2016.
[34] 刘思聪．中国农村生态文明建设问题研究［D］．大连：辽宁师范大学，2018.
[35] 鹿红．我国海洋文明建设研究［D］．大连：大连海事大学，2018
[36] 罗文扬，罗萍，武丽琼，等．热带与南亚热带植物生态类型多样性的应用［J］．园艺博览，2009（12）：67－70.
[37] 毛平，谷光路，张禧．乡村振兴战略背景下的农村生态文明建设路径探析［J］．现代化农业，2018（9）：52－55.
[38] 牛立红．气象环境［M］．北京：企业管理出版社，2014.
[39] 潘岳．生态文明：延续人类生存的新文明［J］．中国新闻周刊，2006（37）：49－50.
[40] 曲福田，孙若梅．生态经济与和谐社会［M］．北京：社会科学文献出版社，2010.
[41] 曲向荣．土壤环境学［M］．北京：清华大学出版社，2010.
[42] 苏雪痕，宋希强，苏晓黎．城镇园林植物规划的方法及其应用（3）：热带、亚热带植物规划［J］．中国园林，2005（4）：63－69.
[43] 孙秀玲．水资源利用与保护［M］．北京：中国建材工业出版社，2020.
[44] 田媛，杨昕，花伟军，等．城市周边生活污水排放对绿地土壤环境质量的影响［J］．生态学报，2008（2）：742－748.
[45] 王浩，黄勇，谢新民，等．水生态文明建设规划理论与实践［M］．北京：中国环境出版社，2016.
[46] 王如松．生态整合与文明发展［J］．生态学报，2013（1）：1－11.
[47] 王文兴，童莉，海热提．土壤污染物来源及前沿问题［J］．生态环境，2005（1）：1－5.
[48] 吴平，谷树忠．我国土壤污染现状及综合防治对策建议［J］．发展研究，2014（4）：8－11.

[49] 武永华．生态文明引领循环经济发展研究：兼论西王模式［D］．济南：齐鲁工业大学，2019.
[50] 杨清．中国大气污染与防治问题研究：以枣庄市为例［C］．济南：山东大学，2015.
[51] 张贺，广海军．臭氧层破坏对环境产生的影响及预防措施［J］．资源节约与环保，2020（5）：6－7.
[52] 张思锋．循环经济：建设模式与推进机制［M］．北京：人民出版社，2007.
[53] 张艳军，李怀恩．水环境保护［M］．2版．北京：中国水利水电出版社，2018.
[54] 张叶，张国云．绿色经济［M］．北京：中国林业出版社，2010.
[55] 赵国鹏．海岸带海洋地质环境勘查中海底沉积重金属污染解析方法［J］．环境与发展，2019（12）：237－240.
[56] 赵国强．共生理论视域下城乡生态融合的路径研究：以诸暨市为例［J］．黑龙江科学，2018（14）：16－17.
[57] 赵卫．海岸带海洋地质环境勘查及重金属污染分析［J］．世界有色金属，2018（8）：287，289.
[58] 赵小雅．我国大气污染现状及防治措施［J］．现代农村科技，2018（5）：98.
[59] 中一．书韵新知百科知识全书：地球知识一本通［M］．北京：企业管理出版社，2013.
[60] 周宏春．生态文明建设应成为重要任务［J］．中国发展观察，2012（9）：49－50.
[61] 周旋，郑琳，胡可欣．污染土壤的来源及危害性［J］．武汉工程大学学报，2014（7）：12－19.
[62] 庄国泰．我国土壤污染现状与防控策略［J］．中国科学院院刊，2015（4）：477－483.
[63] 庄绪亮．土壤复合污染的联合修复技术研究进展［J］．生态学报，2007（11）：4871－4876.